プライマリー薬学シリーズ 3

薬学の基礎としての化学
I. 定量的取扱い

日本薬学会編

東京化学同人

まえがき

　新しい薬学教育が始まって今年でちょうど6年目を迎え，いま，まさにその第一期生が社会に羽ばたこうとしている．この6年の間に，薬学，とりわけ薬学の初等教育を取巻く環境は，激変したといっても過言ではないだろう．薬学には約10年前に日本薬学会が策定した"薬学教育モデル・コアカリキュラム"がある．これを学んでいけば薬学に携わるプロの社会人としての高い能力がおのずと備わるもので，そのため薬学の教育が"モデル・コアカリキュラム"に準拠する形で進められていくのは必然的な流れとなった．

　日本薬学会では，"モデル・コアカリキュラム"にそった教科書"スタンダード薬学シリーズ"を企画し，出版した．しかしながら，"モデル・コアカリキュラム"は専門教育に対応したもので，高等学校を卒業したばかりで専門教育を受けるうえでの基礎的なトレーニングが不足している1, 2年生からすぐに利用するには，その内容がやや高度に過ぎるという指摘がなされているのも事実である．そこで，薬学部に入学してきた学生に対して，高等学校で学習した知識の再確認と，スタンダード薬学シリーズを学ぶのに必要な知識・技能を修得してもらうための薬学準備教育が求められ，薬学準備教育に必要な教科書を"プライマリー薬学シリーズ"として出版することとした．

　本書，"プライマリー薬学シリーズ3. 薬学の基礎としての化学Ⅰ. 定量的取扱い"の編集方針は明快である．高等学校の化学の内容のうち，有機化学を除いた部分について，"化学は理論に基づいたものである"ことを薬学教育の視点からとらえることとした．したがって，何と何を混ぜたら沈殿ができるなどの単に覚えるべきことがらや，薬学にはあまり関係のなさそうな化学についてはほとんどふれていない．その代わりに，化学は理屈であるということをていねいに説明し，繰返し学んでもらうようにした．基本の単純な化学の理屈がわかれば，あとはいろいろな知識が化学に限らず自然と身に付くものである．

　本書は，独習用としても使えるように，各章のはじめにプレテストを設け，その答えを本文中で解説する方式にしてある．章末には確認テストをおき，その章で修得すべきことがらを確認できるようにした．巻末の確認テストの答えもできる限りていねいに解説したつもりである．プレテストや確認テストは，ほとんどが基本的な内容であり，難しい問題は用意していない．化学の基礎知識の修得内容の確認には，難問はいらないからである．また，理論化学にはいろいろな計算がつきものであるが，化学の本質を理解するうえで複雑な式はむしろ邪魔になるのでいっさい排除した．化学の計算はほとんどが比例式でできることを納得してもらえれば幸いである．そのときに，なぜこれとこれは比例するのか，ということをいつも考えるようにしてもらいたい．

　本書では，化学に興味をもってもらうこと，化学の基礎の基礎を理解してもらうことを最優先にしたので，記述の正確さには目をつぶった部分も少なからずある．その点は，後学年でより専門的な化学・薬学を学ぶときに修正してもらいたい．

　最後に，本書の刊行にあたり，問題意識の提起から，原稿の細部にまで踏み込んだ貴重なご助言を多数くださった東京化学同人編集部の住田六連氏，植村信江氏に深謝いたします．

2011年10月

編集委員を代表して

鈴　木　巖

第3巻　薬学の基礎としての化学
I. 定量的取扱い

編集委員

小澤　俊彦	日本薬科大学薬学部 客員教授，放射線医学総合研究所名誉研究員，薬学博士	
鈴木　　巌	高崎健康福祉大学薬学部 教授，薬学博士	
須田　晃治*	明治薬科大学名誉教授，薬学博士	
山岡　由美子	元神戸学院大学薬学部 教授，薬学博士	

* 責任者

執筆者

鈴木　　巌	高崎健康福祉大学薬学部 教授，薬学博士

目　　次

第 3 巻　薬学の基礎としての化学
　　　　 I．定量的取扱い

第 I 部　物質量（モル）とその利用 … 1
　第 1 章　原子の構造 … 3
　第 2 章　原　子　量 … 7
　第 3 章　分子量・式量 … 10
　第 4 章　物質量（モル，mol） … 13
　第 5 章　物質量（モル，mol）の計算 … 16
　第 6 章　溶液濃度の表し方 … 20
　第 7 章　濃度の変換 … 23
　第 8 章　化学反応式 … 28
　第 9 章　化学反応式の量的関係 … 32

第 II 部　化　学　平　衡 … 37
　第 10 章　化学平衡と平衡定数 … 39
　第 11 章　酸と塩基 … 44
　第 12 章　水の解離平衡 … 48
　第 13 章　pH … 51
　第 14 章　中和反応 … 55
　第 15 章　中和滴定と滴定曲線 … 59
　第 16 章　弱酸の酸塩基平衡 … 62
　第 17 章　酸塩基指示薬 … 66

第 III 部　酸　化　と　還　元 … 71
　第 18 章　電子が移動する反応＝酸化還元反応 … 73
　第 19 章　酸　化　数 … 79
　第 20 章　酸化剤・還元剤 … 82
　第 21 章　酸化還元反応式 … 86
　第 22 章　酸化還元反応の量的関係 … 90

第 IV 部　物理量と単位 … 97
　第 23 章　単位と次元 … 99
　第 24 章　単位の変換 … 102

エ ピ ロ ー グ … 105
確認テストの解答例 … 107
索　　　引 … 117

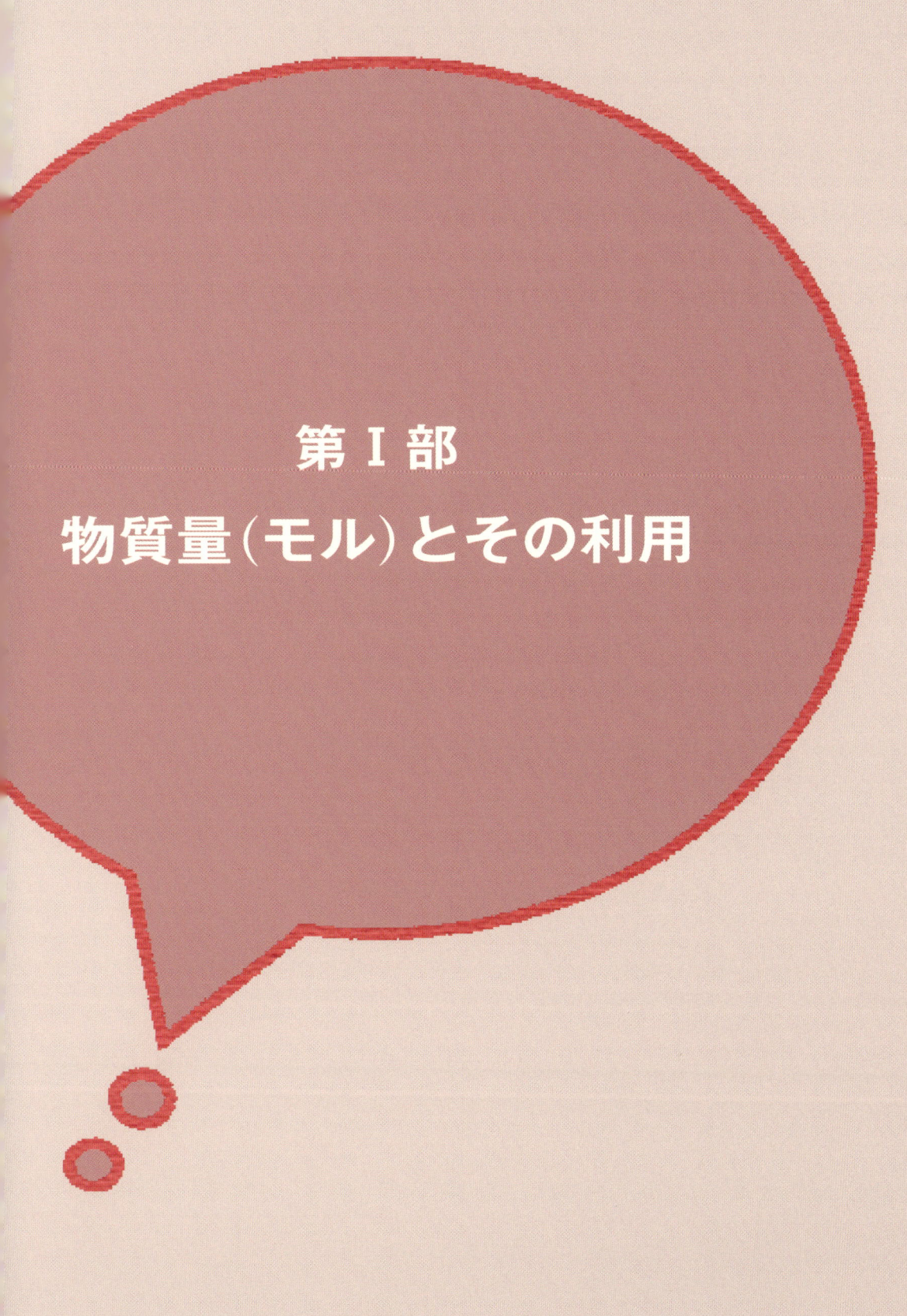
第Ⅰ部
物質量(モル)とその利用

第1章 原子の構造

到達目標 世の中のすべての物質は原子からできており，その原子はわずか3種類の素粒子から形づくられています．化学の世界を知るためには，まず原子の構造を知りましょう．

プレテスト
1. 原子を形づくっている素粒子3種類は何か．
2. 原子核を形づくっている素粒子は何か．
3. 周期表にある原子番号とは何を表す数値か．
4. いろいろな原子の元素としての性質は，何で決まるか．

プレテストの答え
1. 陽子，中性子，電子
2. 陽子，中性子
3. 原子核にある陽子の数を表す．
4. 原子の中に含まれる陽子の数（原子番号）

1・1 原子のつくり

化学は物質を中心に考える学問です．その物質は**分子**からできています．分子はさらにもっと小さい**原子**からできています．ですから，まず，原子について考えてみましょう．

原子は実体はほとんど何もない空間（真空）からできています．わずかにあるのが，**原子核**と**電子**です．

高校の化学では，原子核の周りを電子がお行儀よく並んでいる原子の図（ボーアモデル）を学びます．しかし，実際の原子ではまったく違っていて，一つ一つの電子が規則に従ってものすごい速さで原子核の周りを飛びかっているというのが本当の姿に近いのです．そこで，原子の形を表すときには，電子が飛び回っている範囲で表すことにしています（**電子雲モデル**）．電子が動いている最中，原子核も動いていますが，電子は原子核よりもはるかに小さく軽いので，原子核はほとんど動かず，電子だけが動いているとみなして構いません*．詳しいことは，物理化学や有機化学の講義で学んでください．なお，ボーアモデルと電子雲モデルは，そのときどきで，都合のよい方が使われるので注意してください．

分子　molecule
原子　atom

原子核　atomic nucleus
電子　electron

原子の大きさ：水素原子の大きさは約 1×10^{-10} m；陽子・中性子の大きさは約 2×10^{-16} m；電子の大きさは 1×10^{-18} m（上限）；陽子を直径 1 mm の砂粒としたら，水素原子は直径 1 km になる！

* 電子がリンゴ，原子核が地球だと考え，Newton の万有引力を思い出してみましょう．

電子がある確率以上で見つかる範囲は，個々の電子で異なっており，その範囲を区別して描いています．

1・2 原子核の中身

原子は原子核と電子から成っていて、電子を複数個もつ原子でも、電子は決められた規則に従いつつ、ばらばらに運動しています。また、電子はそれ以上、分解することはできないので、素粒子の一つです。一方の原子核は、原子の種類によって数の決まっている**陽子**と**中性子**から成っています。陽子も中性子も、電子と同じくこれ以上分解することができないので、素粒子です。

陽子と中性子は、ほぼ同じ大きさで、ほぼ同じ質量をもっています。違いは、陽子はプラスの電気（電荷）をもち、中性子は電荷をもたないことです。一方、電子はマイナスの電荷をもっています。そして、陽子と電子は電荷は反対ですが、等しい電気量をもっています。

陽子　proton
中性子　neutron

陽子と中性子の本当の姿：陽子と中性子は、実は、もっと小さく分解することができますが、分解するとものすごく不安定なので、陽子も中性子も素粒子として考えることにします。

原子やイオンの電気の量は電荷で表す：陽子1個あるいは電子1個がもつ電気量を電荷といいます。化学では、陽子や電子のもつ電気の量を +1、−1 とした相対値で表すことが多くなります。

コラム　元素と原子

水素といったとき、実は私たちは頭の中で"元素としての水素、水素原子、水素分子"の三つの違うことを考えているはずです。つぎの文章 ①〜⑤ の中に出てくる水素はこのうち、どの意味で使われているのか、考えてみましょう。

① 昔の飛行船には水素が使われていた。
② 水は水素と酸素からできている。
③ 水は水素が2個と酸素が1個からできている。
④ 燃料電池車を実用化するためには、水素スタンドの整備が不可欠である。
⑤ エチレンが水素により還元されてエタンになる。

筆者なりの感覚で答えてみます。

① H_2 分子（かな？　でも、元素名の可能性も捨てきれない…）
② 元素としての水素（H 原子ともとれる。③ は間違いなく H 原子だけど…）
③ H 原子（これは間違いなく H 原子！）
④ 元素としての水素（だと思いますが、H_2 分子の可能性も…）
⑤ H_2 分子

この答えに納得できない人もいると思います。特に ①、②、④ は一つに絞り切れません。おそらく正解は読み手によって違う、ということではないでしょうか。

できる限り正確な記述が求められる科学書では、元素名、原子、分子の区別をあいまいのままにしておいてよいはずはありません。書き手の意志が読み手に伝わらなければなりません。しかし、日常生活のみならず、薬学や化学の教科書でも、元素名、原子、分子の違いは明確には区別されていないことが多いですよね。

本書では、元素名、原子、分子をできる限り区別したつもりです。元素名はカタカナや漢字、原子や分子は化学式（必要な場合は元素名と併せて）で表しました。皆さんの感覚と合っているでしょうか？

陽子
中性子
水素原子核
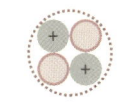ヘリウム原子核
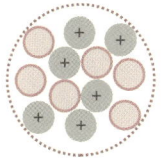炭素原子核

したがって，原子核の中の陽子の数と周りを飛び回っている電子の数が同じ原子の場合，その原子は電荷をもっていないように見えます．このように，電気はあってもプラスとマイナスの電気量が同じ状態を（電気的）中性といいます．

1・3 原子とイオン

電子は激しく運動していますから，何かの拍子に原子から電子が外に飛び出ることがあります．原子から電子が一つ飛び出ると，電気的中性だった原子からマイナスの電荷が一つ減るので，原子全体ではプラスの電荷をもつことになります．この状態が**イオン**です．プラス（正）の電荷をもつイオンは**陽イオン**です．

イオン　ion
陽イオン　cation
陰イオン　anion

陽イオン（正電荷が過剰）　　原子（電気的に中性）　　陰イオン（負電荷が過剰）

原子から飛び出した電子が近くにある別の原子に飛び込んだとします．電子が飛び込んできた原子は，もともとは電気的中性だったのに，マイナスの電気をもつ電子が飛び込んで来たので，マイナスの電気を一つ余分にもつようになります．これもイオンです．マイナス（負）の電気をもつイオンが**陰イオン**です．

イオンで，原子核の中の陽子の数と電子の数の差，すなわち正負の電荷の数の差，がイオンの価数になります．陽子が一つ過剰のものは1価の陽イオン，電子が二つ過剰のものは2価の陰イオンです．

原子とイオン：
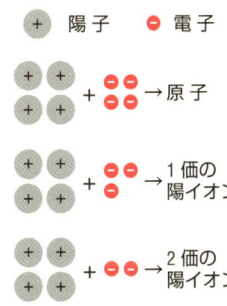

1・4 原子番号

高校の化学の教科書に周期表がありましたね．これは**元素**をある規則に従い並べたものです．その規則の一つが，原子核の中にある陽子の数で，**原子番号**になります．原子番号が1の水素原子 H は，一つの陽子をもちます．原子は電気的に中性ですから，陽子の正の電気を打ち消すために，負の電荷をもつ電子が一つ必要で，その電子は原子核の周りを飛び回っています．

この電子がどこかに飛び出して行き，残ったものが**水素イオン H^+** です．H 原子には中性子がありませんから，H^+ は陽子そのものなので，その英名である**プロトン**ともよばれます．

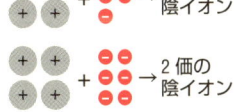
元　素　element
原子番号　atomic number

₁H 1.008				元素記号 → ₅B													₂He 4.003
₃Li 6.941	₄Be 9.012			原子番号 → ₅B 原子量 → 10.81								₅B 10.81	₆C 12.01	₇N 14.01	₈O 16.00	₉F 19.00	₁₀Ne 20.18
₁₁Na 22.99	₁₂Mg 24.31											₁₃Al 26.98	₁₄Si 28.09	₁₅P 30.97	₁₆S 32.07	₁₇Cl 35.45	₁₈Ar 39.95
₁₉K 39.10	₂₀Ca 40.08	₂₁Sc 44.96	₂₂Ti 47.87	₂₃V 50.94	₂₄Cr 52.00	₂₅Mn 54.94	₂₆Fe 55.85	₂₇Co 58.93	₂₈Ni 58.69	₂₉Cu 63.55	₃₀Zn 65.38	₃₁Ga 69.72	₃₂Ge 72.63	₃₃As 74.92	₃₄Se 78.96	₃₅Br 79.90	₃₆Kr 83.80

　上の図の B（ホウ素）の場合は，原子番号が 5 ですから，B 原子は陽子が 5 個，電子が 5 個から成っています．

　原子番号が 11 の元素はナトリウムです．Na 原子は陽子が 11 個，電子が 11 個あります．ここから電子が一つ飛び出すと，陽子が 11 個，電子が 10 個のナトリウムイオン Na^+ になります．陽子が一つ多いので，陽イオンです．Na 原子も Na^+ も，陽子の数は変わりませんから，元素名としてはナトリウムです．

　Na 原子の原子核から陽子が一つ飛び出ていったとします（こんなことは化学反応では決して起こりませんが）．全体では電子が一つ多くなるので，陰イオンになりますが，元素としての名前はネオンになります（むりやり名前を付ければ，Ne 陰イオン）．

　<u>元素としての性質は，原子番号，つまり原子やイオンがもっている陽子の数で決まります．</u>

確認テスト

1. 原子番号が 10 のネオン Ne 原子に含まれる陽子と電子の数はそれぞれいくつか．
 ［陽子 10 個，電子 10 個］
2. 原子番号が 6 の炭素 C 原子に含まれる陽子と電子の数はそれぞれいくつか．
 ［陽子 6 個，電子 6 個］
3. 原子番号が 17 の塩素 Cl の陰イオン（塩化物イオン，Cl^-）に含まれる陽子と電子の数はそれぞれいくつか．
 ［陽子 17 個，電子 18 個］
4. 原子番号が 30 の亜鉛 Zn の陽イオン（Zn^{2+}）に含まれる陽子と電子の数はそれぞれいくつか．
 ［陽子 30 個，電子 28 個］
5. 陽子の数が 24，電子の数が 18 の元素名は何か． ［クロム（Cr）］

第2章 原 子 量

到達目標 　原子はとても小さいので，その重さ（質量）もきわめて小さくなります．そこで，原子の質量を簡単に表すものとして，原子量が考えられました．原子量は，炭素12（^{12}C）の質量を12としたときに各原子の質量を相対的に表したものであることを理解し，実際に使えるようにしましょう．

プレテスト
1. 質量数とは何か．原子量とは何か．
2. 原子番号が26，質量数が56の鉄原子 ^{56}Fe に含まれる陽子と中性子，電子の数はそれぞれいくつか．
3. 金原子 ^{197}Au はヘリウム原子 ^{4}He の何倍の質量をもつか．
4. 炭素には質量数が12の炭素原子（^{12}C）と質量数が13の炭素原子（^{13}C）があり，その原子量は12.01である．^{12}C と ^{13}C の存在比を求めなさい．

プレテストの答え
1. 質量数は原子核の中の陽子と中性子の数の和．原子量は質量数12の炭素原子の質量を12としたときの原子の相対質量．
2. 陽子26個，中性子30個，電子26個．
3. 約49倍
4. ^{12}C : ^{13}C = 99 : 1

2・1 質量数は陽子と中性子の数の和

　周期表を見ると，原子番号のほかに**原子量**が記載されています．この原子量は原子の重さ（質量）を表す数値です．質量なのでgとかkgとか書いてあってもよさそうですが，原子量には単位が示されていません．なぜでしょう？

　前章で原子は原子核と電子から成り，原子核の中の陽子の数が原子番号であることを説明しました．もう一つの原子核中の素粒子である中性子の数も，何かの役に立つはずです．そこで，原子核の中の陽子と中性子の数の和を取り，これを**質量数**とします．質量数は原子核の中の素粒子の数を表しているので，必ず正の整数になります．

原子量　atomic mass

重さと質量：重さと質量は厳密には違いますが，地上ではその違いを気にする必要はありません．

質量数　mass number

原子番号は左下：元素記号で原子を表すとき，左下にも数字が書かれている場合があります．これは原子番号になります．

原子番号17の塩素の**原子量**は35.45である．

質量数 → ^{35}Cl　　^{37}Cl

塩素には，質量数が35の原子と37の原子（同位体）がある．

$^{35}_{17}$Cl　← 原子番号

　原子を元素記号で表すとき，しばしば左肩に数字が書かれている場合があります．これが質量数です．一つの元素に原子量は一つだけですが，質量数は多い場合には10通りもあります．原子番号が同じで質量数が異なる原子のことを**同位体**（同位元素）といいます．原子核の中の陽子の数は同じだけど，中性子の数が

同位体　isotope

違う原子のことです．ナトリウムには ^{23}Na の1種類の同位体しかありませんが，塩素には ^{35}Cl と ^{37}Cl の2種類の同位体があります．

2・2 原子の正確な質量と原子量

質量数が便利なのは，原子の質量の違いを瞬時に判断できるからです．質量数が1の水素原子（^{1}H）の質量は $1.674×10^{-27}$ kg です．一方，質量数が12の炭素原子（^{12}C）の質量は，$1.993×10^{-26}$ kg です．この違い，瞬時に理解できますか？ 質量数だと1と12なので，その差がすぐにわかります．

質量数が本当に原子の質量の比を表していることを確認してみましょう．

電子の数もわかる：イオンは元素記号の右肩に＋や－の記号が付きます．この＋や－の数は，"陽子の数−電子の数"を表しています．したがって，電子の数もわかります．

$$^{35}_{17}\text{Cl}^-$$

塩化物イオン

塩化物イオンの電子数は，陽子の数が17，全体の電荷は −1 なので，電子の数を x とすると，$17-x=-1$ より $x=18$ となるので，18個です．

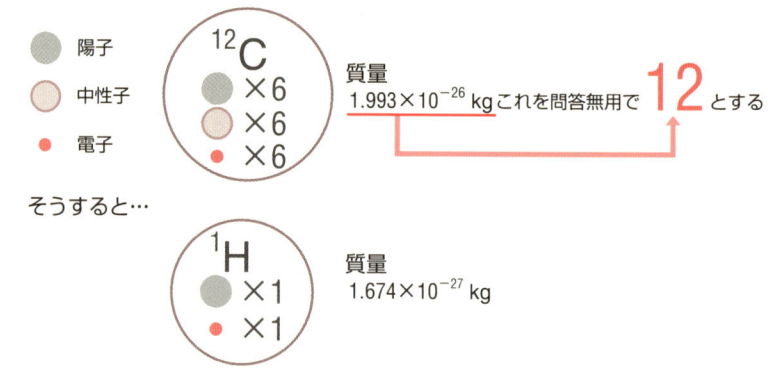

$1.993×10^{-26}$ kg $: 1.674×10^{-27}$ kg $= 12 : x \longrightarrow x = 1.008$

というわけで，^{12}C の質量をその陽子と中性子の数の和である12とすると，^{1}H の質量は 1.008 となりました．^{1}H の質量数は1ですから，得られた比（12：1.008）はほぼ質量数の比（12：1）になっています．質量数の比は，厳密さを問わない場合には原子の質量の比として使えます．たとえば，^{197}Au は ^{4}He の 197/4＝約 49 倍重い原子といえます．

厳密さを求める場合，質量数ではなく，同位体ごとの正確な質量を使い原子の質量を表します．上の例では ^{12}C の質量を12としたとき，^{1}H の質量は 1.008 になっています．^{12}C の質量（$1.993×10^{-26}$ kg）の 1/12（$1.661×10^{-27}$ kg）を基準として決められた原子の正確な相対質量です．質量数とは異なり，整数ではありません．

炭素12が基準：^{12}C が原子量の基準になったのは，^{12}C が特別に何かの特徴をもっていたためではありません．深い理由は何もありません．以前は ^{16}O の原子量を16として基準にしていましたし．

2・3 同位体存在比と原子量

周期表で炭素の原子量を確認すると，^{12}C の核種質量である12ではなく 12.01（桁数によっては 12.011 や 12.0107 もある）と記載されています（☞ p.6）．なぜでしょうか？

その理由は同位体の存在です．炭素には ^{12}C のほかに中性子が一つ多い ^{13}C があります．^{12}C と ^{13}C は陽子の数は同じ（6個）なので，元素としての性質は同じです．^{12}C も ^{13}C もその原子核は壊れないので安定同位体です．安定ですから，自然界の炭素の ^{12}C と ^{13}C の割合（同位体存在比）は一定です．

炭素の場合，^{12}C が主で ^{13}C は炭素全体の 1% ほどしかありません．周期表の

核種質量：正確な原子の相対質量のことを，核種質量というときがあります．

放射性同位体：^{13}C よりも中性子がさらに一つ多い ^{14}C という原子もあります．しかし，この原子の原子核は不安定ですぐに壊れてしまいます．このような同位体を放射性同位体とよびます（☞ §23・4，§23・5）．

原子量の値と質量数を使い，このことを確認してみましょう．

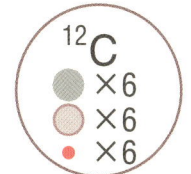
天然に x の割合であるとすると，

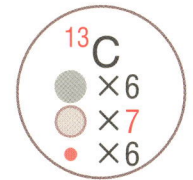
天然に $1-x$ の割合であることになる

$$12.01 = 12 \times x + 13 \times (1-x) \longrightarrow x = 0.99$$

よって，炭素原子全体の 99 % が ^{12}C，残りの 1 % が ^{13}C であることが確認できます．このように，各元素の同位体存在比を考慮して計算された質量が原子量です．

原子量は大切な考え方ですから，もう一つ例をあげておきます．原子番号が 5 のホウ素 B には ^{10}B と ^{11}B の 2 種類の安定同位体があります．周期表に記載されているホウ素の原子量は 10.81 なので，^{10}B と ^{11}B の存在比を求めてみます．^{11}B の存在割合を x とすれば，^{10}B の存在割合は $1-x$ ですから，質量数を使うと

$$10.81 = 10 \times (1-x) + 11 \times x \longrightarrow x = 0.81$$

になります．

より正確に求めるためには，原子の正確な質量（核種質量）を使います．

$$10.81 = 10.01 \times (1-x) + 11.01 \times x \longrightarrow x = 0.80$$

よって，^{11}B は天然に 80 %，^{10}B は 20 % あることがわかります．

2・4 原子量とは

本章のはじめに，なぜ原子量には単位（kg や g）がないのか，と疑問を投げ掛けておきました．その答えは，すでにおわかりのことと思いますが，^{12}C の質量を 12 としたときの相対的な質量（質量の比）を表しているからです．

陽子と中性子の質量：陽子と中性子はほぼ同じ質量，大きさです．宇宙には中性子だけでできている星があります．その質量は 1 mm^3（塩粒 1 個）当たりで 37 万トンになります．この星は，中性子がすき間なく詰まっているので，中性子の密度はほぼこの値になります．陽子は中性子とほぼ同じ大きさと質量なので，陽子の密度もこの値になります．

確認テスト

1. ^{2}H，^{56}Fe，^{238}U の陽子の数と中性子の数はいくらか．
 [^{2}H: 陽子 1, 中性子 1; ^{56}Fe: 陽子 26, 中性子 30; ^{238}U: 陽子 92, 中性子 146]
2. 質量数が 14 の窒素原子 ^{14}N の質量は 2.326×10^{-26} kg である．^{14}N の核種質量が 14.01 になることを確認しなさい．
 [2.326×10^{-26} kg/1.993×10^{-26} kg = 1.167, $1.167\times12=14.01$]
3. 原子番号が 17 の塩素 Cl には核種質量が 34.97 の ^{35}Cl と 36.97 の ^{37}Cl の 2 種類の安定同位体があり，^{35}Cl の存在比は 0.7578 である．Cl の原子量が 35.45 になることを確認しなさい． [$34.97\times0.7578+36.97\times(1-0.7578)=35.45$]
4. 原子番号が 35 の臭素 Br（原子量は 79.90）には核種質量が 78.92 の ^{79}Br と 80.92 の ^{81}Br の 2 種類の安定同位体がある．^{79}Br と ^{81}Br の同位体存在比を求めなさい．
 [51 : 49]

第3章 分子量・式量

到達目標　原子そのものは不安定なので，いくつかの原子が集まり分子をつくります．分子の質量を表すのが分子量で原子量の和で求められます．塩の場合は，イオン式で表された組成の質量を使い，これも原子量の和で求められます．イオン式の組成に基づいた質量なので，分子量ではなく式量といいます．

プレテスト
1. アルゴン（Ar）は原子量が 39.95 の希ガス元素である．アルゴンの分子量はいくらか．
2. 水（H_2O）の分子量はいくらか．ただし，水素と酸素の原子量はそれぞれ 1.01，16.00 とする．
3. ブドウ糖（$C_6H_{12}O_6$）の分子量はいくらか．ただし炭素，水素，酸素の原子量はそれぞれ 12.01，1.01，16.00 とする．
4. 食塩（塩化ナトリウム）の式量はいくらか．ただし，ナトリウムと塩素の原子量はそれぞれ 23.00 と 35.45 とする．

プレテストの答え
1. 39.95
2. 18.02
3. 180.2
4. 58.45

3・1　分子式と分子量

共有結合　covalent bond

　原子は非常に不安定なので，複数の原子が寄り集まり**共有結合**により分子になります．例外的に希ガス原子だけは，共有結合を形成した方が不安定なので原子のままで分子になります（単原子分子とよばれます）．

分子式　molecular formula

化学式　chemical formula：元素記号で物質の組成や，反応を表したもの．分子式，イオン式，組成式などはすべて化学式の一つ．

　物質の質量は簡単な足し算，引き算で求められるので，分子の質量を求めるには構成する原子の原子量を足し算します．そのもとになるのが**分子式**で，分子を構成する原子の種類と数を表します．身近な分子として水を例に取りましょう．水の分子式は H_2O であり，2個の水素原子と1個の酸素原子からできています．

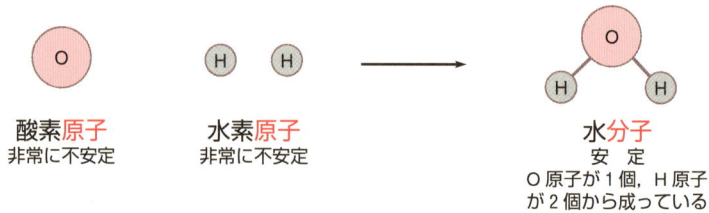

酸素原子　　　水素原子　　　　　　　水分子
非常に不安定　非常に不安定　　　　　安定
　　　　　　　　　　　　　　　　　O原子が1個，H原子
　　　　　　　　　　　　　　　　　が2個から成っている

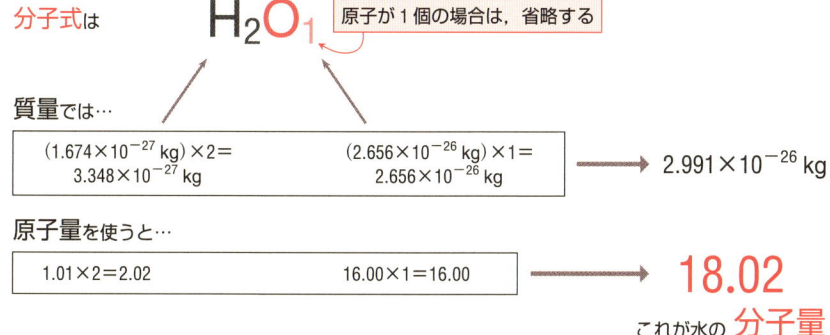

^{12}C の質量が 1.993×10^{-26} kg でしたから，水分子の質量と ^{12}C の質量の比を取ってみましょう．

2.991×10^{-26} kg ： 1.993×10^{-26} kg ＝ x ： 12
（水分子の質量）　（^{12}C の質量）　（水の分子量）（^{12}C の質量数）

$x=18.01$ となり，原子量の足し合わせで求めた値とほぼ一致しています．つまり，分子量は原子量を使えば簡単に求められることがわかります．

複雑な分子でも，分子式さえわかれば簡単に分子量が求められます．グルコース（ブドウ糖）の場合は，

分子式を書くときには：
1. 炭素 C
2. 水素 H
3. 他の元素（アルファベット順）
の順に書くことが普通です．

グルコースの構造式：

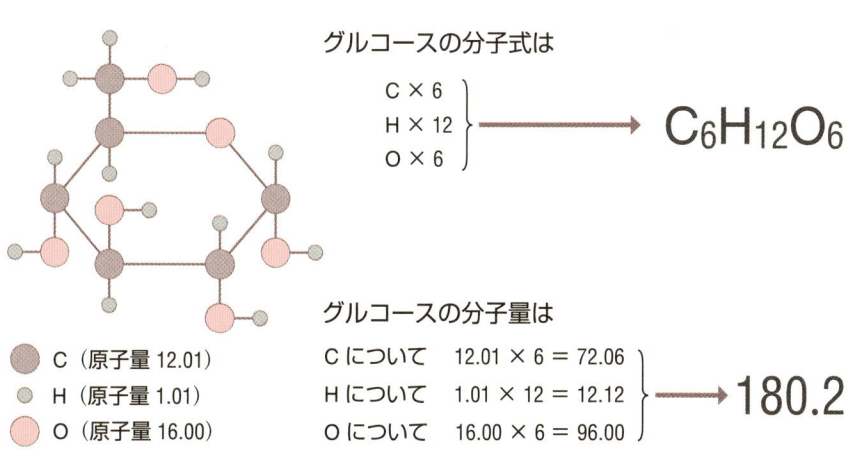

水とグルコースの分子量を比較してみると，18.02 と 180.2 ですから，グルコース分子1個の質量は水分子10個に相当するといえます．

3・2 イオン式，組成式と式量

イオン結合している物質（**塩**）の場合はどうでしょうか？ 塩化ナトリウムの巨大な結晶（塩化ナトリウムの結晶は目で見えますよね）の中でも，そこに含まれているナトリウムイオン（Na^+）と塩化物イオン（Cl^-）の数の比は1：1です．したがって，化学では NaCl と表記して塩化ナトリウムを表します．分子ではありませんから分子式ではありません．巨大な結晶中の組成を示している式ですから，**組成式**になります．塩の場合はイオンからできるので，**イオン式**ともよばれます．組成式やイオン式に含まれる原子の原子量から式量が求められます．

イオン結合　ionic bond
塩　salt

組成式　emprical formula
イオン式　ionic formula

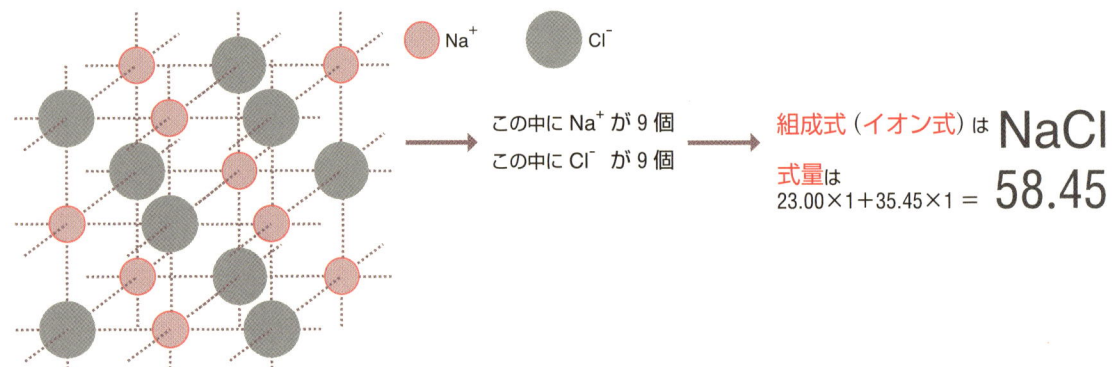

　塩の場合でも，構成イオンの相対質量ではなく，原子の相対質量（原子量）を使って式量を求めます．

　イオンの相対質量では電子の過不足分は無視します．単原子由来のイオンでは原子量，複数の原子から成るイオンでは式量を使います．Na^+ の式量は 23.00，Cl^- の式量は 35.45，NH_4^+ の式量は 18.05，$Fe(OH)_6^{3-}$ の式量は 157.9 になります．

　組成式は分子式が明確でない高分子化合物でも使われています．デンプンはグルコースが結合した高分子化合物で，分子量は数百万にもなります．グルコース同士が結合するときに，水分子が一つ取れるので（脱水縮合），グルコース一つ当たりの分子式は $C_6H_{12}O_6 - H_2O$ より $C_6H_{10}O_5$ になります．これが多数（n 回）繰返しているので，$(C_6H_{10}O_5)_n$ と書かれます．これがデンプンの組成式です．

（グルコース）$_n$ ⟶ デンプン
組成式は　$(C_6H_{10}O_5)_n$

* 原子量の値は見返しの周期表を参照してください．以降も同じです．

確認テスト*

1. メタン（CH_4）の分子量を求めなさい． [16.05]
2. 水酸化物イオン（OH^-）の式量を求めなさい． [17.01]
3. グリシン（H_2NCH_2COOH）の分子量を求めなさい． [75.08]
4. 酢酸（分子量 60.06）とエタノール（分子量 46.08）が反応すると，水分子が一つ取れた分子ができる．できた分子の分子量を求めなさい． [88.12]
5. 塩化カリウム（組成式 KCl）の式量を求めなさい． [74.55]
6. 塩化マグネシウム（組成式 $MgCl_2$）の式量を求めなさい． [95.21]
7. ヘキサシアノ鉄(II)酸カリウム（フェロシアン酸カリウム，組成式 $K_4[Fe(CN)_6]$）の式量を求めなさい． [368.4]

第4章 物質量（モル，mol）

到達目標 化学では質量よりも大切なものが分子やイオンの個数です．非常に小さく，数が多い分子やイオンの数を表すとき，物質量 mol を使います．分子やイオンが 1 mol 集まったときの質量が分子量や式量になります．

プレテスト
1. 1 mol とは何を表すものか．
2. アボガドロ定数の値はいくらか．
3. 水 H_2O 1 mol の質量はいくらか．
4. ショ糖（砂糖，スクロース）$C_{12}H_{22}O_{11}$ 1 mol の質量はいくらか．
5. 水素分子は ☐ 当量の酸素分子と反応して ☐ 当量の水になる．

プレテストの答え
1. アボガドロ定数の個数（の物質）
2. $6.022 \times 10^{23}\ \mathrm{mol}^{-1}$
3. 18.02
4. 342.3
5. 0.5(1/2), 1

4・1 質量よりも個数が大切

物質の量を比べるとき，私たちは無意識のうちに質量（kg, g）か体積（L, mL）を考えます．でも，化学の世界では，質量や体積よりもはるかに大切なものがあります．それが**物質量（モル，mol）**です．物質量なんて小難しい名前が付いていますが，単なる個数のことです．

水素と酸素から水ができる反応について考えてみます．この反応を質量を使って表現すると，"1.00 kg の H_2 分子は 7.92 kg の O_2 分子と反応して 8.92 kg の水分子ができる" ということになります．理解はできますが，化学の世界では**反応式**でもっと単純に表現することができます．水素と酸素から水ができる反応は，

$$H_2(g) + \frac{1}{2} O_2(g) \longrightarrow H_2O(\mathrm{liq})$$

と表すことができます（☞第8章）．この反応で，O_2(g) の前に付いている "$\frac{1}{2}$" って何でしょうか？ H_2(g) にも H_2O(liq) にも，式には書かれていませんが実は "1" という数字が前にあります．

この $\frac{1}{2}$ や 1 こそ，この反応でそれぞれの**化学種**が何個ずつ反応にかかわっているかを示している数値で，化学を理解する上で最も大切な数字です．

4・2 物質量（モル，mol）

上の反応式を言葉で表すと，この係数の意味が理解できるはずです．

"1個の H_2 分子と $\frac{1}{2}$ 個の O_2 分子が反応して 1個の H_2O 分子ができる"

物質量 amount of substance

モル mol

日常生活でも質量より個数が大切：個数が大切なのは化学の世界だけではありません．日常生活でもミカンとリンゴが20個ずつあり，これを5等分するとき，重さを計って分けるなんてことはしないですよね．

反応式 reaction formula：化学反応式

物質の状態：左の反応式で ( ) の記号は物質の状態を表しています．g は気体，liq は液体，s は固体です．特に物質の状態にこだわらない場合や，明らかな場合は省略されます．

化学種 chemical species：原子，分子，イオンなど，化学に登場するすべての粒子のこと．

となります．でも $\frac{1}{2}$ 個の酸素分子ってしっくりきませんから，少し言い方を変えてみます．

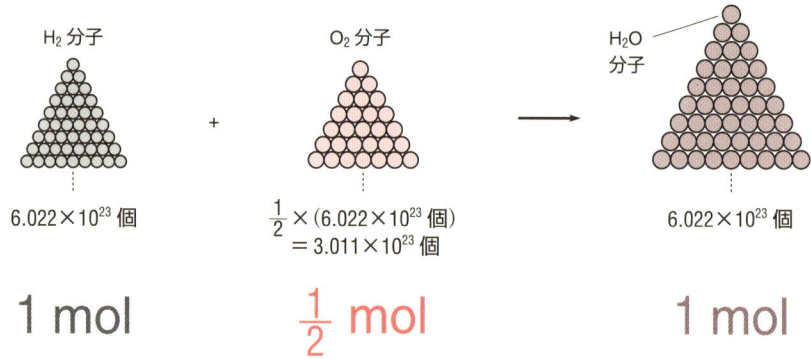

"1 mol の H$_2$ 分子が $\frac{1}{2}$ mol の O$_2$ 分子と反応して 1 mol の H$_2$O 分子ができる"

> **mol は特別な単位**：物質量（個数）を表す mol は，質量を表す kg，長さを表す m，時間を表す秒 s などと並んで，最も基本となる七つの単位の一つです（☞ 第 23 章）．

ここで登場した **mol**（モル）が物質の個数（**物質量**）を表す単位で，1 mol は 6.022×10^{23} 個のことを表します．慣れてしまえばとても便利な mol も，慣れるまでは相当な努力が必要です．慣れないうちは "mol" と出てきたら "個" と読み替えてみてください．

4・3 化学当量

> **化学当量** chemical equivalent：単に当量ともいう．

> **消えた当量**：以前は高等学校でも当量を教えていましたが，今は教えていません．当量にはいろいろな使われ方があり，ここで示したのはモル当量です．化学，薬学の世界ではよく使われる用語で，eq，Eq という記号が使われることがあります．本書では，後学年でのことも考慮し，あえて使っています．

上の反応の説明として，

"水素分子は $\frac{1}{2}$ 当量の酸素分子と反応して 1 当量の水を生成する"

という言い方もできます．ここで出てきた**当量**という言葉は，この場合は "水素分子の個数（1 mol なら 6.022×10^{23} 個）に対して $\frac{1}{2}$ 倍の個数（3.011×10^{23} 個 = $\frac{1}{2}$ mol）の酸素分子と反応して 1 倍の個数（6.022×10^{23} 個）の水分子ができる"，ということを示すとても便利な用語です．基準を酸素分子にすれば，

"酸素分子は 2 当量の水素分子と反応して 2 当量の水を生成する"

になります．もし，この当量がわかりにくいと思うのであれば，"当量" を "倍 mol" と読み替えてみるとよいでしょう．なお，当量は第 14 章でも登場します．

4・4 アボガドロ定数

1 mol はなぜ 6.022×10^{23} 個なのでしょうか？ これは原子量と深いかかわりがあります．原子量の基準となる原子は ^{12}C でした．そしてそのときの相対質量が 12 でした．実は，^{12}C が 6.022×10^{23} 個，つまり 1 mol 集まったときの質量が 12 g なのです．

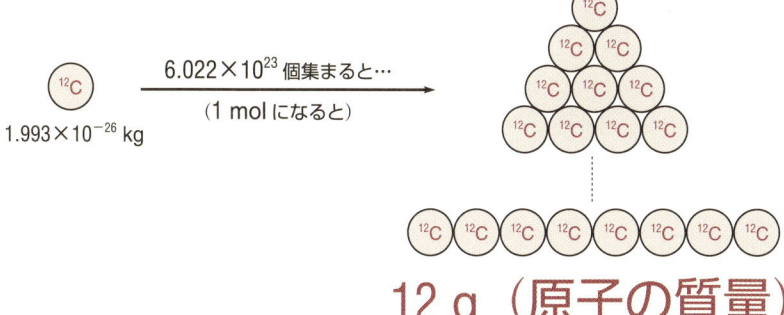

この 6.022×10^{23} のことを<u>アボガドロ数</u>，1 mol 当たりの粒子数を<u>アボガドロ定数</u>といいます．記号では N_A が使われます．そして，原子量や分子量は，その原子や分子が 1 mol＝6.022×10^{23} 個集まったときの質量になります．原子量，分子量，式量は相対値なので単位はありませんが，<mark>分子や組成式 1 mol 当たりの質量</mark>，すなわち<mark>モル質量</mark>と同じ値になります．モル質量は <mark>g mol^{-1}</mark> の単位をもちます．

アボガドロ定数 Avogadro constant：1 mol 当たりの粒子数であるから単位を考えると N_A＝6.022×10^{23} mol^{-1} である．

モル質量 molar mass

4・5 対象を明確に

mol を使うときに気をつけて欲しいことが一つだけあります．それは，数える対象を明確に指定することです．1 mol の水ができるとき，<u>水素分子と酸素分子</u>からなら，それぞれ 1 mol と $\frac{1}{2}$ mol の物質量が必要ですが，<u>水素原子と酸素原子</u>からなら，それぞれ 2 mol と 1 mol の物質量が必要になります．また，1 mol の H_2 と $\frac{1}{2}$ mol の O_2 の混合気体の中には $\frac{3}{2}$ mol の分子がある，という言い方もします．とにかく，mol は個数の単位であることを忘れないでください．

確認テスト

1. C(黒鉛)＋O_2(g)→CO_2(g) の反応で，2 mol の黒鉛と反応する酸素は何 mol か．また，発生する二酸化炭素は何 mol か．　　　　　　　［酸素 2 mol，二酸化炭素 2 mol］
2. CH_4(g)＋2 O_2(g)→CO_2(g)＋2 H_2O(liq) の反応で，1 mol の水が生成したとき，反応したメタンと酸素，発生した二酸化炭素はそれぞれ何 mol か．
　　　　　　　　　　　　　　　　　　　　　　　　［メタン 0.5 mol，酸素 1 mol，二酸化炭素 0.5 mol］
3. 硫酸ナトリウム Na_2SO_4 1 mol の中に含まれる Na^+ と SO_4^{2-} はそれぞれ何 mol か．　　　　　　　　　　　　　　　　　　　　　　　　　　　　　　　　　　　［Na^+ 2 mol，SO_4^{2-} 1 mol］
4. 水 1.000 mol とエタノール 1.000 mol では，どちらの質量が大きいか．
　　　　　　　　　　　　　　　　　　　　　　　　［水：エタノール＝18.02 g：46.08 g］
5. 1 mol のグルコースの中には何 mol の炭素原子，水素原子，酸素原子があるか．
　　　　　　　　　　　　　　　　　　　　　　　　［炭素 6 mol，水素 12 mol，酸素 6 mol］
6. 1 mol の NaCl が 50 mol の水に溶解した．溶液中にあるすべての化学種は合計何 mol になるか．ただし，水の解離平衡は無視する．
　　　　　　　　　　　　　　　　　　　　　　　　［Na^+ と Cl^- が各 1 mol，水が 50 mol の計 52 mol］

第5章 物質量（モル，mol）の計算

到達目標　前章でふれたように1 molの粒子の数は$6.022×10^{23}$個であり，モル質量は原子量や分子量に$g\,mol^{-1}$の単位をつけた量です．これを利用して，モル数，粒子数，質量の換算を自由自在にできるようにしましょう．

プレテスト
1. 3.00 gのショ糖$C_{12}H_{22}O_{11}$（分子量342.3）の中に含まれているショ糖分子の数とモル数を求めなさい．
2. 3.00 gの水の中に含まれている水H_2O分子の数とモル数を求めなさい．ただし，水の自己解離は無視する．
3. ショ糖は水に非常に溶けやすく，210 gのショ糖が水100 gに溶ける．このショ糖の濃厚水溶液中のショ糖と水のモル比と分子数の比はいくらか．

プレテストの答え
1. $5.28×10^{21}$個，0.00876 mol
2. $1.00×10^{23}$個，0.166 mol
3. モル比も分子数比も同じで，水：ショ糖＝55.5：6.13 ≈ 9：1

5・1　分子量（モル質量）とアボガドロ数の役割

　前の章で，化学では質量ではなく個数でものごとを考える，といいましたが，分子や原子はとても小さいので数を一つずつ数えるのは非現実的です．実際にいろいろな物質の量を調べるのには天秤を使い質量を求める方が現実的です．

　そこで，質量と個数の関係をしっかりと体に覚えさせることが，化学を理解する上で非常に大切になってきます．

　スティック状の袋に入った砂糖（ショ糖，スクロースともいいます）には3.00 gのショ糖分子があり，そのショ糖分子のモル数は0.00876 molであり，その分子数は約$5.28×10^{21}$個です．これらの値はどうやって求めたのでしょうか？

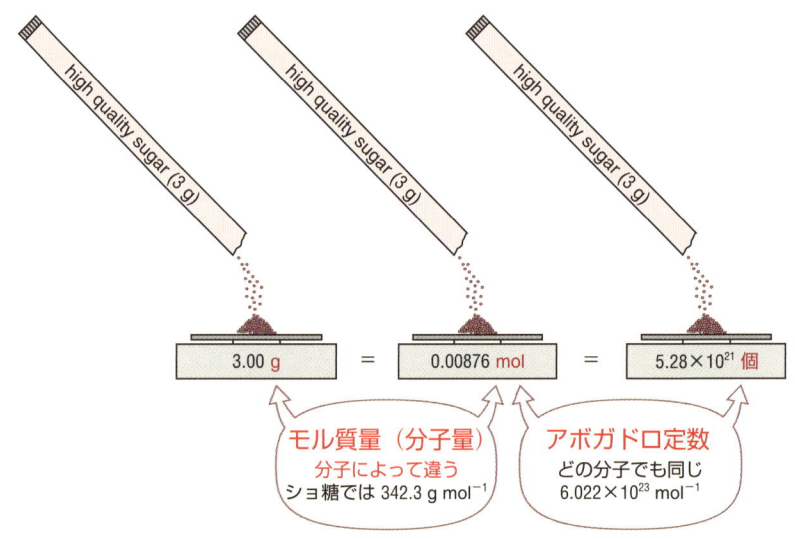

ショ糖は分子式が $C_{12}H_{22}O_{11}$ の分子なので，分子量は 342.3 になります．モル質量なら 342.3 g mol^{-1} です．したがって，ショ糖 1.000 mol は 342.3 g になりますから，3.00 g のショ糖のモル数を x mol とすると，

$$\text{ショ糖 } 342.3\,\text{g} : 1.000\,\text{mol} = \text{ショ糖 } 3.00\,\text{g} : x\,\text{mol}$$

から $x = 0.00876$ mol が得られます．つまり，モル質量（分子量）は，質量（グラム数）と物質量（モル数）を仲立ちする数値になります．

さらにアボガドロ定数から 1 mol は 6.022×10^{23} 個ですから，これも比例計算で，

$$\text{ショ糖 } 1.000\,\text{mol} : 6.022 \times 10^{23}\,\text{個} = \text{ショ糖 } 0.008\,76\,\text{mol} : y\,\text{個}$$

より $y = 5.28 \times 10^{21}$ 個が得られます．mol と分子量，アボガドロ定数の意味さえわかればモル数と質量，および分子数の変換はいとも簡単にできます．

5・2 同じ質量でもモル数は違う

ショ糖 3.00 g を例に出しましたが，ショ糖を水に変えて分子数を求めてみます．水 3.00 g の分子数はいくつでしょうか？ H_2O の分子量は 18.02 なので，そのモル質量は 18.02 g mol^{-1} ですから，3.00 g の水のモル数は，

$$\text{水 } 18.02\,\text{g} : 1\,\text{mol} = \text{水 } 3\,\text{g} : z\,\text{mol}$$

より，$z = 0.166$ mol が得られます．したがって水分子の数は，

$$\text{水 } 1\,\text{mol} : 6.022 \times 10^{23}\,\text{個} = \text{水 } 0.166\,\text{mol} : w\,\text{個}$$

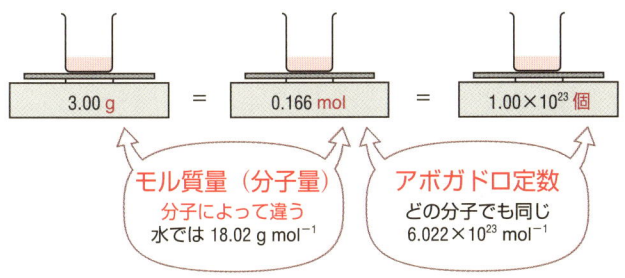

$w = 1.00 \times 10^{23}$ 個になります．同じ 3 g であっても，化学種の数が $(1.00 \times 10^{23})/(5.28 \times 10^{21}) = 18.94$ より約 19 倍違っています．化学種の数はモルで考えることになっているので，モル比が約 19 ということです．

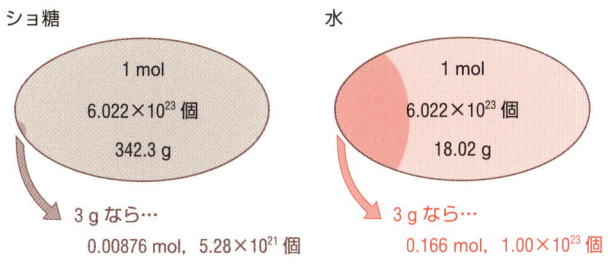

> **ショ糖の分子式**：ショ糖はグルコース（ブドウ糖）とフルクトース（果糖）が結合したものです．グルコースもフルクトースも，その分子式は同じ $C_6H_{12}O_6$ です．ショ糖はそこから水 1 分子が取れた形になっているので，分子式は $C_{12}H_{22}O_{11}$ になります．

> **グラム数・モル数**：グラムとモルはそれぞれ質量と物質量の単位なので，それに"数"をつけて，量を表すのはよくない例とされています．しかし，グラム数やモル数という表し方がわかりやすいことも事実です．本書では，わかりやすさを優先し，あえてグラム数，モル数を使っています．

分子の中で最も小さいのは H₂ 分子で，その分子量は 2.02 です．一方，大きい分子の中には分子量が数十万になるものもあります．しかし，化学ではどちらも同じ一つの分子，あるいは 1 mol の分子として同列に扱います．

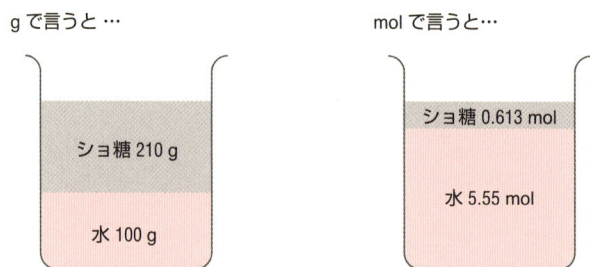

分子量の違いが大きいと，質量では比率が大きい成分が，分子数やモル数でみると小さい成分になることもあります．ショ糖は水に非常に溶けやすく，室温付近で 210 g のショ糖が水 100 g に溶けます．この 310 g の水溶液中の水とショ糖のモル数はそれぞれ 5.55 mol と 0.613 mol ですから，質量では多量成分であったショ糖は，モル数や分子数では水の約 $\frac{1}{9}$ しかないことがわかります．

5・3 モルの計算は怖くない

モル（mol）は化学の基本ですから，完全に使いこなせるようにしましょう．そのためにはつぎの二つのことをしっかりと頭に叩き込んでおきましょう．

- モル数と質量を橋渡しするものが分子量や式量，つまりモル質量（g mol⁻¹）
- モル数と個数を橋渡しをするものがアボガドロ定数（6.022×10^{23} mol⁻¹）

この基本さえ理解しておけば，質量，モル数，個数の変換は自由自在にできるようになり，さらには次章で学ぶ濃度についての理解が容易になるはずです．

なお，気体の場合は，このほかに体積もモル数と比例関係にあることが知られています．私たちが日常生活を営んでいる圧力（1 気圧）と温度の下では，どの気体も 1 mol がほぼ一定の体積となることがわかっています．温度によって微妙に違うのですが，0 ℃では 22.4 L，25 ℃では 24.5 L になります．

1 気圧：気圧とは，空気（大気）が私たちや地面を押す力を 1 m² 当たりに換算したもので，単位は atm です．その値は微妙に変動しますが，平均値として 1.013×10^5 Pa になります（☞ 第Ⅳ部）．これを 1 気圧（1 atm）と定義します．

確認テスト

1. 2.50 mol の水の質量はいくらか． [45.1 g]
2. 0.250 mol のグルコースの質量はいくらか． [45.1 g]
3. 水 50.00 g とエタノール（C₂H₅OH）50.00 g を混合した溶液の中の水分子とエタノール分子の数の比を求めなさい． [水：エタノール＝2.775 : 1.085]
4. 食塩 1.00 mg に含まれている Na⁺ の数を求めなさい． [1.03×10^{19} 個]

5. グルコースの燃焼反応

$$C_6H_{12}O_6(s) + 6\,O_2(g) \longrightarrow 6\,CO_2(g) + 6\,H_2O(liq)$$

で 1.802 g のグルコースが完全に燃焼するのに必要な酸素の質量を求めなさい．また，生成する二酸化炭素と水の質量を求めなさい．

[O_2 1.920 g, CO_2 2.641 g, H_2O 1.081 g]

6. グルコース 0.250 mol を水に溶かしたとき，グルコース分子と水分子の数の比を 1：100 とするには，何 g の水が必要か． [451 g]

7. 圧力が 1 気圧，0 ℃のとき，0.5 mol の N_2 分子の体積はどのくらいか． [11.2 L]

第6章 溶液濃度の表し方

到達目標 溶液の濃い薄いの度合いを表すものが濃度です．濃度の表し方には質量パーセント濃度，モル濃度，質量モル濃度，モル分率など，多くの種類があるので，目的に応じた表し方が使われます．

プレテスト
1. 溶液 100 g 中に溶けている溶質のグラム数で表したのが ⬜ 濃度である
2. 溶液 1 L 中に溶けている溶質のモル数で表したのが ⬜ 濃度である．
3. 溶液の全モル数に対する溶質のモル数の比が ⬜ である．
4. 水 180.2 g の中にグルコースを 18.02 g 溶かした水溶液の中の全モル数と，水とグルコースのモル比はいくらか．

プレテストの答え
1. 質量パーセント
2. モル
3. モル分率
4. 全モル数 10.10 mol，水とグルコースのモル比 100：1

6・1 化学反応では濃度が大切

　食塩（NaCl）1 g（0.0171 mol）を水 10 g に溶かした水溶液は舐めるととてもしょっぱい味がしますが，食塩 1 g を水 10 kg に溶かした水溶液は，舐めてもほとんど味がしません．同じ 1 g の食塩でも，溶かす水の量の大小によって，人にしょっぱいと感じさせる効果に違いがあります．

濃度　concentration
溶質　solute
溶媒　solvent

　化学では物質量（モル数）が大切ですが，化学反応は一定の体積や質量の溶液中で起こることが多いので，一定の体積や質量の中にあるモル数，すなわち**濃度**も重要になります．溶液は**溶質**（少量成分）と**溶媒**（多量成分）から成っているので，その比率を表すのが濃度です．比率ですから，

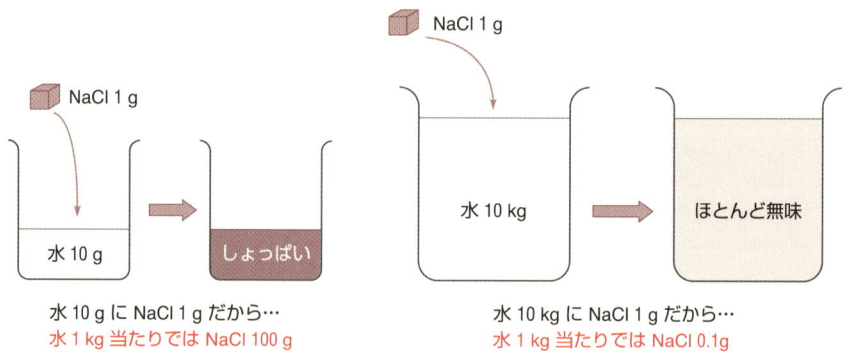

水 10 g に NaCl 1 g だから…
水 1 kg 当たりでは NaCl 100 g

水 10 kg に NaCl 1 g だから…
水 1 kg 当たりでは NaCl 0.1 g

・溶液中のどこをとっても，同じ値
・体積や質量とは異なり，小分けした溶液の濃度も同じ値

という特徴があります．

6・2 濃度の表し方

濃度はとても重要な量ですが,これがくせ者です.時と場合に応じていろいろな単位の濃度が使われるからです.濃度として使われる代表的な単位を示します.その定義と違いをしっかりと理解しましょう.[ ]内はその単位です.

モル濃度:一定体積(1 L)の溶液中に溶けている溶質のモル数 $[\text{mol L}^{-1}]$

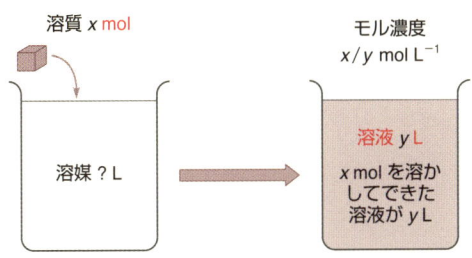

> モル濃度 molar concentration, molarity:容量モル濃度ともいう.

質量モル濃度:一定質量(1 kg)の溶媒に溶けている溶質のモル数 $[\text{mol kg}^{-1}]$

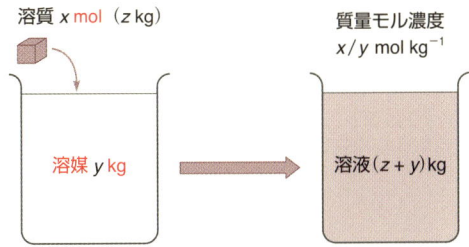

> 質量モル濃度 molality:モル濃度とのつづりの違いに注意!

> 質量パーセント濃度 mass percentage:重量百分率濃度ともいう.

質量パーセント濃度:一定質量(100 g)の溶液中に溶けている溶質のグラム数[無次元](☞第23章)

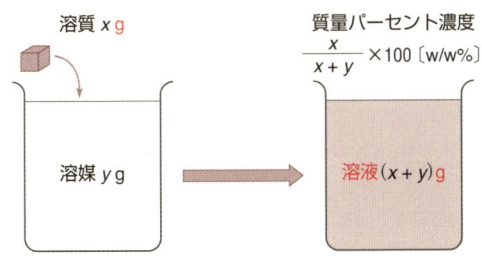

> パーセント濃度(**1**):質量パーセント濃度は比なので単位はありませんが,数値に%を付けて表します.パーセント濃度には,質量比(w/w)のほかに,質量対体積比(w/v),体積比(v/v)で表すものがあります.wはweight(質量),vはvolume(体積)の略です.

化学の世界で最も使われる機会が多いのは何といっても モル濃度 です.質量モル濃度に対応させてより正確によべば 容量モル濃度 です.質量パーセント濃度は分子量がわからない物質の濃度を表すときによく使われます.

> パーセント濃度(**2**):日本薬局方で使われるパーセント濃度は質量対容量百分率 w/v% です.溶液 100 mL 中の溶質のグラム数になります.単位がない質量パーセント濃度とは違い単位がありますが,単位は日頃あまり意識しないようです.

6・3 モル分率

§5・2で例にあげたショ糖 210 g を水 100 g に溶かした濃厚水溶液にもう一度登場してもらいます.この水溶液中の水とショ糖の関係は

質量比(水:ショ糖)…100 g:210 g
モル比(水:ショ糖)…100 g/18.02 g mol^{-1}:210 g/342.3 g mol^{-1}
= 5.55 mol:0.613 mol = 9:1

モル分率　mole fraction

このモル比をもとにした濃度の単位があります．**モル分率**です．モル数の比は分子数の比ですから，モル分率は分子数の比を表しています．

$$モル分率 = \frac{溶液中の溶質のモル数}{溶液中の全モル数（溶質＋溶媒）}$$

$$= \frac{溶液中の溶質の分子数}{溶液中の全分子数（溶質＋溶媒）}$$

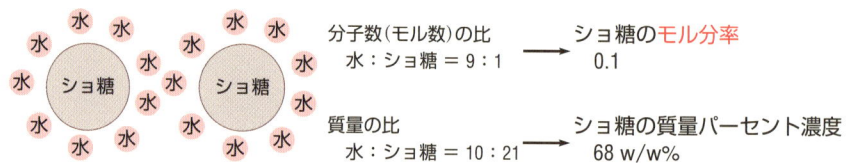

＊物理化学で相変化を学ぶときに目にします．

このモル分率は実際に使われる機会は多くありません＊．しかし，溶液中に存在する成分のモル数の比，あるいは分子数の比をつねに意識することで，化学や薬学を深く理解できるようになります．

6・4　分　率

電離度　degree of electrolytic dissociation

電離度という言葉を高校で習った記憶があると思います．この電離度は，たとえば，酢酸が水に溶けたときに，どのくらいの割合の酢酸分子が酢酸イオンになっているかを表す量ですから，

$$電離度\ \alpha = \frac{溶液中の酢酸イオンのモル数}{溶液中の酢酸分子のモル数＋溶液中の酢酸イオンのモル数}$$

モル分率の定義と比べてみると，分母が溶液全体になっているのか，酢酸全体になっているのかの違いです．酢酸の電離度は，酢酸イオンとなっている酢酸の**分率**になります．

二成分系の分率：一方の分率が x なら，他方の分率は $1-x$ です．酢酸の電離度が α なら，分子形酢酸の分率は $1-\alpha$ です．酢酸水溶液中の酢酸のモル濃度を C とすると，酢酸イオンと酢酸分子のモル濃度はそれぞれ $C\alpha$，$C\times(1-\alpha)$ になります．

確認テスト

1. 溶質のモル分率 0.5 のときの溶質と溶媒のモル比はいくらか．　　　　　　　　［1：1］
2. 溶質のモル分率 0.1 のときの溶媒のモル分率はいくらか．　　　　　　　　　　［0.9］
3. $mol\ L^{-1}$ の単位をもつ濃度は何か．　　　　　　　　　　　　　　　　　　［モル濃度］
4. 水（分子量 18.02）とエタノール（分子量 46.08）を 100 g ずつ混合した溶液の中にある全分子数に対するエタノール分子の割合はいくらか．　　　　　　　［0.281］
5. メタノール（分子量 32.05）と水（分子量 18.02）から成る溶液 100 g があり，この溶液のメタノールのモル分率は 0.360 である．この溶液中のメタノールと水の質量を求めなさい〔ヒント：メタノールと水の質量をそれぞれ x g，y g とすると，メタノールのモル数は x g/32.05 g mol^{-1}，水のモル数は y g/18.02 g mol^{-1} になり，その比が 0.360：(1−0.360) である〕．　　　［メタノール 50.0 g，水 50.0 g］
6. 電離度が 0.05 の安息香酸水溶液がある．この水溶液の中の安息香酸分子（C_6H_5-COOH）と安息香酸イオン（$C_6H_5COO^-$）のモル比はいくらか．　　　　［19：1］

第7章 濃度の変換

到達目標 溶液の濃度を求めるためには，溶質の単位が物質量なのか質量なのか，そしてそれを何で割るかを理解している必要があります．異なる濃度の変換も，この基本がしっかりと理解できていれば恐れることはありません．

プレテスト

1. グルコースが，30 L 中に 30 mol 溶けている水溶液 A と 10 L 中に 10 mol 溶けている水溶液 B では，どちらの水溶液のグルコース濃度（モル濃度）が高いか．
2. $1.000\ \text{mol L}^{-1}$ の水溶液 100.0 mL には何 mol のグルコースが溶けているか．
3. グルコース濃度が $1.00\ \text{mol L}^{-1}$ の水溶液を使い，$0.0500\ \text{mol L}^{-1}$ のグルコース水溶液 250 mL を調製するためにはどうすればよいか．
4. モル分率が 0.100 のグルコース水溶液の質量パーセント濃度を求めなさい．
5. 質量パーセント濃度が 37 w/w% の濃塩酸がある．この濃塩酸のモル濃度を求めなさい．ただし，濃塩酸の比重は 1.18 である．

プレテストの答え

1. どちらも同じ（$1.0\ \text{mol L}^{-1}$）
2. 0.1000 mol
3. $1.00\ \text{mol L}^{-1}$ の水溶液を 12.5 mL とり，水を加えて 250 mL にする．
4. 52.6 w/w%
5. $12.0\ \text{mol L}^{-1}$

7・1 （容量）モル濃度

化学で濃度といえば，普通は容量モル濃度です．単にモル濃度というときは容量モル濃度を示し，1 L の溶液中に含まれる溶質のモル数で表します．溶液の体積が 1 L ではないときには，溶液の体積を 1 L に換算します．そのためには，その溶液に含まれる溶質のモル数を体積で割ります．

$$\text{モル濃度} = \frac{\text{溶質のモル数〔mol〕}}{\text{溶液の体積〔L〕}} \quad \text{単位は mol L}^{-1}$$

グルコースが 30 L 中に 30 mol 溶けている水溶液と 10 L 中に 10 mol 溶けている溶液のモル濃度は同じです．しかし，30 L 中に 10 mol 溶けている溶液のモル濃度は，小さくなります．

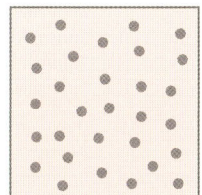
30 L 中に 30 mol の溶質
モル濃度 = 30 mol/30 L
　　　　= $1.0\ \text{mol L}^{-1}$

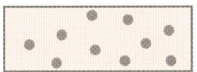
10 L 中に 10 mol の溶質
モル濃度 = 10 mol/10 L
　　　　= $1.0\ \text{mol L}^{-1}$

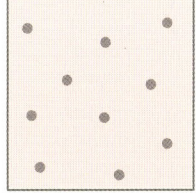
30 L 中に 10 mol の溶質
モル濃度 = 10 mol/30 L
　　　　= $0.33\ \text{mol L}^{-1}$

7・2 所定のモル濃度の溶液の調製 (1)

溶液の調製は，まず天秤を使って必要な溶質の質量を量り，それを専用の容器（メスフラスコ）に入れて溶媒を加えて所定体積とします．

グルコース（分子量 180.2）の $1.000\ \mathrm{mol\ L^{-1}}$ 水溶液を 100.0 mL 調製するのであれば，まず必要なグルコースのモル数を求め，これを質量に変換します．

$$1.000\ \mathrm{mol} : 1.000\ \mathrm{L} = x\ \mathrm{mol} : 100.0\ \mathrm{mL}\ (0.1000\ \mathrm{L}) \longrightarrow x = 0.1000\ \mathrm{mol}$$
$$1.000\ \mathrm{mol} : 180.2\ \mathrm{g} = 0.1000\ \mathrm{mol} : y\ \mathrm{g} \longrightarrow y = 18.02\ \mathrm{g}$$

となりますから，これを 100 mL のメスフラスコに入れて水を加えて溶解させると $1.000\ \mathrm{mol\ L^{-1}}$ のグルコース水溶液になります．

7・3 所定のモル濃度の溶液の調製 (2)

上の例では，溶質の質量を求めて所定のモル濃度の溶液を調製していますが，あらかじめ調製してある濃い（モル濃度の高い）溶液を**希釈**して（薄めて），所定のモル濃度の溶液を調製する場合もあります．

手許に $1.00\ \mathrm{mol\ L^{-1}}$ のグルコース水溶液があり，これを利用して $0.0500\ \mathrm{mol\ L^{-1}}$ の水溶液 250 mL を調製するとします．この場合も，考え方は同じで，最終的に必要な濃度の水溶液中に含まれるグルコースのモル数を求めます．

$$0.0500\ \mathrm{mol} : 1.00\ \mathrm{L} = x\ \mathrm{mol} : 250\ \mathrm{mL}\ (0.250\ \mathrm{L}) \longrightarrow x = 0.0125\ \mathrm{mol}$$

この 0.0125 mol のグルコースは，$1.00\ \mathrm{mol\ L^{-1}}$ のグルコース溶液から調達します．

$$1.00\ \mathrm{mol} : 1.000\ \mathrm{L} = 0.0125\ \mathrm{mol} : y\ \mathrm{L} \longrightarrow y = 0.0125\ \mathrm{L}\ (= 12.5\ \mathrm{mL})$$

12.5 mL の $1.00\ \mathrm{mol\ L^{-1}}$ グルコース水溶液を正確に量りとり，容量が 250 mL のメスフラスコに入れて水を加えて 250 mL にすると，希望の濃度と体積のグルコース水溶液ができます．

メスフラスコ volumetric flask：全量フラスコともいう．標線まで溶液を満たすと，正確に容器に記載されている体積（この場合は 250 mL）になります．標線まで溶媒を加える操作をメスアップといいます．

希　釈 dilution

××倍に希釈：右の例のように，希釈するときにしばしば"20 倍に希釈する"と表されることがあります．この場合の 20 倍とは，溶液全体の体積を 20 倍する，ということです．右の例では，12.5 mL の濃い溶液の体積を 20 倍（250 mL）にして薄めたので，20 倍に希釈したことになります．

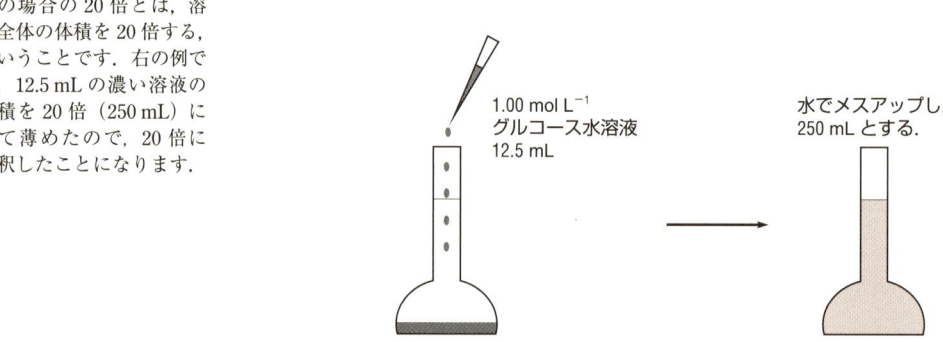

この例では，薄められた溶液（$0.0500\ \mathrm{mol\ L^{-1}}$）ともとの濃い溶液（$1.00\ \mathrm{mol\ L^{-1}}$）の濃度の比は

$$\frac{0.0500 \text{ mol L}^{-1}}{1.00 \text{ mol L}^{-1}} = \frac{1}{20}$$

になっています．つまり濃度を $\frac{1}{20}$ に薄めることになります．これを，20倍に希釈する，ともいいます．

7・4 質量パーセント濃度

質量パーセント濃度は，溶液 100 g 中にある溶質のグラム数で表します．溶液全体の質量の何パーセントが溶質か，です．分子量や式量がわかればモル分率と質量パーセント濃度の変換は簡単にできます．

10.0 w/w% のグルコース水溶液のグルコースのモル分率を求めてみます．この溶液の組成は，

$$\text{グルコース：} \quad 10.0 \text{ g} \longrightarrow 0.0555 \text{ mol}$$
$$\text{水：} \quad 100 \text{ g} - 10.0 \text{ g} = 90.0 \text{ g} \longrightarrow 4.99 \text{ mol}$$

なので，

$$\text{モル分率} = \frac{\text{グルコースのモル数}}{\text{グルコースのモル数} + \text{水のモル数}}$$
$$= \frac{0.0555}{0.0555 + 4.99} = 0.0110$$

になります．

7・5 密度や比重はモル濃度と質量パーセント濃度の換算ツール

モル濃度と質量パーセント濃度の換算は，一筋縄ではいきません．モル濃度と質量パーセント濃度を求める割り算では，それぞれの割られる数（分子）は物質量と質量なので，分子量がわかれば換算可能です．ところが，割る数（分母）には体積と質量の違いがあるため，仲介する別の何かが必要になります．その仲介役が**密度 ρ** あるいは**比重 d** です．

$$\text{密度 } \rho = \frac{\text{物質の質量〔g〕}}{\text{物質の体積〔mL または cm}^3\text{〕}} \quad (\text{単位は g mL}^{-1}, 1 \text{ mL 当たりの質量})$$

$$\text{比重 } d = \frac{\text{物質の質量〔g〕}}{\text{同じ体積の水の質量〔g〕}} = \frac{\text{物質の密度 } \rho' \text{ g mL}^{-1}}{\text{水の密度 } \rho'' \text{ g mL}^{-1}} \quad (\text{無次元})$$

水の密度は室温付近ではほぼ 1.0 g mL^{-1} なので，密度と比重はほぼ同じ数値となります．分子量とモル質量の関係に似ていますね．

溶液の密度（比重）がわかると，体積と質量の換算が可能になります．エタノールの密度は室温付近で 0.789 g mL^{-1} なので，1.00 L のエタノールの質量とモル数は，

$$\text{質量} = \text{密度} \times \text{体積}$$
$$= 0.789 \text{ g mL}^{-1} \times 1000 \text{ mL} = 789 \text{ g} \quad (\text{あるいは } 0.789 \text{ kg})$$
$$\text{モル数} = \frac{789 \text{ g}}{46.08 \text{ g mol}^{-1}} = 17.1 \text{ mol}$$

密度　density

比重　specific gravity：比重を表す記号として，Sp, Gr が使われることもあります．

比重の基準：通常は 4 ℃（体積が最も小さくなる）の水を基準にします．

純物質のモル数：エタノールは左に示したように，1 L 中に 17.1 mol あります．水は 1 L 中に 55.5 mol あるので，同じ体積でもモル数は約 3.2 倍ほど水の方が多くなります．

になります.

市販の塩酸〔塩化水素 HCl（分子量 36.46）の水溶液，濃塩酸〕は約 37 w/w% の質量パーセント濃度になっています．いろいろな実験で使う濃度の低い塩酸（希塩酸）は，この塩酸を適切に希釈してつくります．ところが，実験で使うときには，たいていの場合，濃度が mol L^{-1} 単位で示されています．つまり，濃塩酸から希塩酸を調製するには希釈する必要があり，換算計算が必要です．

市販の濃塩酸の比重は 1.18 です．比重は室温付近では密度とほぼ同じ値ですから，濃塩酸 1.00 mL の質量は 1.18 g です．この値を使い，濃塩酸のモル濃度を求めることができます．濃塩酸のモル濃度がわかれば，希釈する方法がわかります．

この濃塩酸を希釈して 1.00 mol L^{-1} の希塩酸を調製しましょう．まず，溶液 1.00 mL 中の HCl の質量を求め，モル数に変換します．

> **濃硫酸・濃硝酸**：塩酸とならび代表的な酸である硫酸と硝酸も，それぞれ濃硫酸，濃硝酸として市販されています．市販品のモル濃度は，濃硫酸が約 18 mol L^{-1}，濃硝酸が約 16 mol L^{-1} になっています．

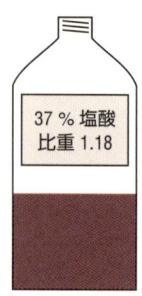

濃塩酸溶液 1 mL の質量は
$$1 \text{ mL} \times 1.18 \text{ g mL}^{-1} = 1.18 \text{ g}$$
このうち，37.0 w/w% が HCl だから
$$1.18 \text{ g} \times 0.370 = 0.437 \text{ g}$$
0.437 g が HCl であり，そのモル数は
$$\frac{0.437 \text{ g}}{36.46 \text{ g mol}^{-1}} = 0.0120 \text{ mol}$$

こうして，濃塩酸 1.00 mL 中には HCl が 0.0120 mol あることがわかります．したがって，濃塩酸のモル濃度は，

$$0.0120 \text{ mol} : 1.00 \text{ mL} = x \text{ mol} : 1 \text{ L} (1000 \text{ mL}) \longrightarrow x = 12.0 \text{ mol L}^{-1}$$

1.00 mol L^{-1} の希塩酸を市販の濃塩酸から調製するには，濃塩酸を 12 倍に希釈すればよいことがわかります．具体的には濃塩酸を 83.3 mL（1000 mL/12）とり，水を加えて 1.00 L にすればよいことになります．必要な量が 50 mL なら，4.17 mL の濃塩酸に水を加えて 50 mL にします．

> **濃塩酸 83.3 mL をとり水を加えて…**：希釈により所定のモル濃度の溶液を調製するとき，濃塩酸 83 mL と水 917 mL を混ぜて調製する，という言い方は正しくありません．なぜなら，濃塩酸 83 mL に水 917 mL を加えても，正確に 1.00 L にはならないからです．詳しいことは物理化学で学んでください．

このように質量パーセント濃度からモル濃度への変換は，ちょっと面倒ですが，ステップバイステップで計算すれば簡単に求めることができます．

7・6 質量モル濃度

最後に**質量モル濃度**について，少しだけ説明しておきます．皆さんが実験を行うようになると，モル濃度（容量モル濃度）はとても便利なのがわかります．しかし，基準（分母）が体積なので，温度が変化する場合には使えません．物質の体積は温度で変化するのに，中に含まれているモル数は温度では変化しないからです．ただし，溶液では体積変化はわずかですから，通常は温度が多少変化しても，モル濃度をそのまま使います．

しかし，温度変化があって値の厳密さを求める場合には，モル濃度の代わりに

> **モル濃度が最も使われる理由は？**：所定の濃度の溶液は，体積が一定の容器を使えば，素早く，かつ正確に調製することができるからです．

質量モル濃度を使います．質量モル濃度は，

$$\text{質量モル濃度} = \frac{\text{溶質のモル数〔mol〕}}{\text{溶媒の質量〔kg〕}} \qquad \text{単位は } \text{mol kg}^{-1}$$

です．<u>分母が溶液ではなく，溶媒になっている</u>点に気をつけましょう．沸点上昇や凝固点降下のときに使われる濃度です．

水溶液の溶媒である水は 1 L がほぼ 1 kg です．したがって，溶質濃度がごく低い水溶液では近似的に，

$$\text{モル濃度} \approx \text{質量モル濃度}$$

が成立すると考えることがあります．

> 近似が成立するには：分子量が 100 の溶質 10.0 g を水 1.00 kg に溶かした溶液があるとします．この溶液の質量モル濃度は 0.100 mol kg^{-1} です．一方，溶液の体積は不明ですが，ほぼ 1.01 L と仮定すれば，（容量）モル濃度は 0.099 mol L^{-1} となります．この程度なら測定誤差の範囲とも考えられるので，モル濃度 ≈ 質量モル濃度の近似は成立するといえるでしょう．

確認テスト

1. 2.00 L の溶液中に 1.00 mol のグルコースが溶けている．この溶液のグルコースのモル濃度はいくらか．　　　　　　　　　　　　　　　　［0.500 mol L^{-1}］

2. 100 mL の溶液中に 2.50 mmol のグルコースが溶けている．この溶液のグルコースのモル濃度はいくらか．　　　　　　［0.0250 mol L^{-1}，25.0 mmol L^{-1}］

3. 25.0 µL の溶液中に 1.67 nmol のグルコースが溶けている．この溶液のグルコースのモル濃度はいくらか．　　　　　［6.68×10^{-5} mol L^{-1}，66.8 µmol L^{-1}］

4. 3 の溶液から 10.0 µL を取出し，溶媒を加えて 0.250 mL とした溶液のグルコースのモル濃度はいくらか．　　　　　［2.67×10^{-6} mol L^{-1}，2.67 µmol L^{-1}］

5. 28.0 w/w% のアンモニア水（密度は 0.900 g mL^{-1} とする）中のアンモニア（NH$_3$）のモル分率とモル濃度はいくらか．　　［モル分率 0.29，モル濃度 14.8 mol L^{-1}］

第8章 化学反応式

到達目標 化学反応式とは，物質の化学的な変化を化学式で表したものです．反応前の物質を左辺に，反応後に生成した物質を右辺に書き，⟶ あるいは ⇌ で結んだものです．このとき，左辺と右辺でそれぞれの原子の数が同じになることが大原則です．

プレテスト
1. 水が水素分子と酸素分子からできる反応の化学反応式を書きなさい．
2. グルコースの燃焼反応の化学反応式を書きなさい．
3. グルコースは酸素がないと，2の反応はせずに生成物として二酸化炭素とエタノールを与える．この反応の化学反応式を書きなさい．

プレテストの答え
1. $H_2 + \frac{1}{2} O_2 \longrightarrow H_2O$
2. $C_6H_{12}O_6 + 6\,O_2 \longrightarrow 6\,CO_2 + 6\,H_2O$
3. $C_6H_{12}O_6 \longrightarrow 2\,CO_2 + 2\,C_2H_6O$

8・1 化学反応式の大切さ

ここまででモル（mol）と濃度について理解が深まったものと思います．ここからはその応用となる化学反応（式）について勉強することにしましょう．

化学変化は，化学反応式によってすべてを表すことができます．化学反応式でフラスコや体の中で起こっている現象を紙の上で簡単に表すことができるのが，他のサイエンスと化学の最大の違いでしょう．したがって，化学と薬学を理解するためには正しい化学反応式を書くことがとても大切になります．

第4章で，一つの化学反応式をすでに使っています．水素の燃焼反応です．ここでは気体，液体，固体などの状態変化はとりあえず無視して，どうやってこの化学反応式ができたのかを考えていきましょう．

8・2 化学反応式の書き方

水素の燃焼反応は，水素分子 H_2 と酸素分子 O_2 から水 H_2O ができるという反応です．この反応の化学反応式をつくってみましょう．つくり方は簡単で，

> 1. 反応前の物質（反応物）を左側，反応後の物質（生成物）を右側に書き，その間を矢印 ⟶ あるいは両矢印 ⇌ で結ぶ
> 2. 化学反応が起こる前と終わった後で，原子の種類と数は変わらない

この二つのルールだけで OK です．

1番目のルールを使うと，

なぜ "=" ではなく "⟶" なのか？：等号 "=" には，右辺と左辺が同じという意味があります．化学反応式では，右辺と左辺で原子の種類と数はあっていますが，化学種のもつエネルギーなどの他の量は違うので，等号は使いません．

⟶ と ⇌ の違い： ☞ p.40 欄外注．

第8章 化学反応式

反応物
H₂ + O₂
H原子×2　O原子×2

生成物
H₂O
H原子×2　O原子×1

O原子が一つ多い

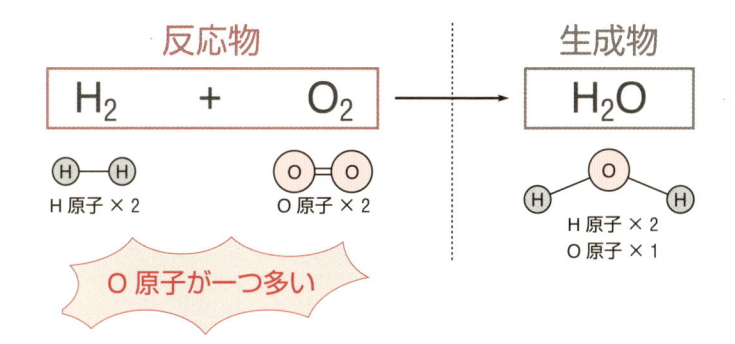

になり，反応物側のO原子が一つ多くなります．そこで，2番目のルールを適用し，反応前の酸素原子を一つ減らします．反応物のO原子を一つ減らすためには，O_2 の係数を $\frac{1}{2}$ にします．

反応物： 出発物質や出発原料ともいいます．

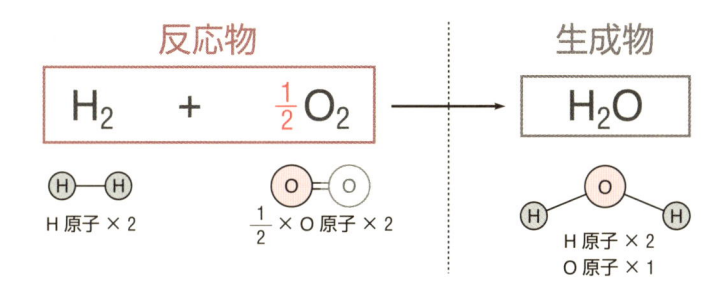

反応物
H₂ + ½O₂
H原子×2　½×O原子×2

生成物
H₂O
H原子×2　O原子×1

これで化学反応式の完成です．もっと複雑な反応でも，この二つのルールによって表すことができます．

第4章でも説明した通り，反応物や生成物の前の係数こそ，化学で最も大切な数字で，反応物1分子（1 mol）当たり，何分子（何 mol）の生成物ができるかを表しています．

分数を積極的に使おう： 化学反応式を書くとき，着目する化学種の係数を1にすると，化学の理解が深まります．着目する化学種以外の係数から，着目した化学種1 molに対して反応するモル数が直感的にわかるからです．

8・3 反応物と生成物がわかればどんな反応でも簡単

グルコース（$C_6H_{12}O_6$）の燃焼反応の生成物は二酸化炭素（CO_2）と水（H_2O）です．この反応の反応式をつくってみましょう．

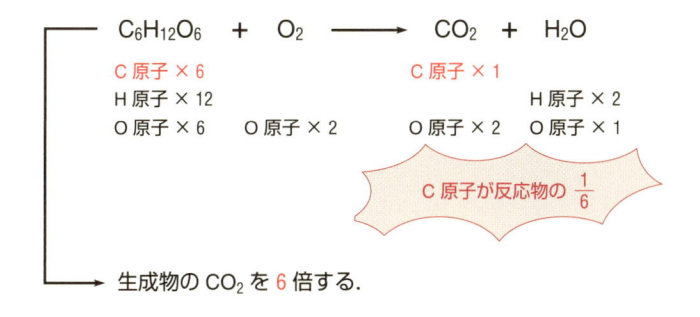

$C_6H_{12}O_6 + O_2 \longrightarrow CO_2 + H_2O$

C原子×6　　　　　　　　　　C原子×1
H原子×12　　　　　　　　　　　　　　H原子×2
O原子×6　O原子×2　　O原子×2　O原子×1

C原子が反応物の $\frac{1}{6}$

→ 生成物の CO_2 を6倍する．

$$\text{C}_6\text{H}_{12}\text{O}_6 + \text{O}_2 \longrightarrow 6\,\text{CO}_2 + \text{H}_2\text{O}$$

C 原子 × 6　　　　　　　　　　　C 原子 × 6
H 原子 × 12　　　　　　　　　　H 原子 × 2
O 原子 × 6　　O 原子 × 2　　　O 原子 × 12　O 原子 × 1

> H 原子が反応物の $\frac{1}{6}$

→ 生成物の H_2O を 6 倍する.

$$\text{C}_6\text{H}_{12}\text{O}_6 + \text{O}_2 \longrightarrow 6\,\text{CO}_2 + 6\,\text{H}_2\text{O}$$

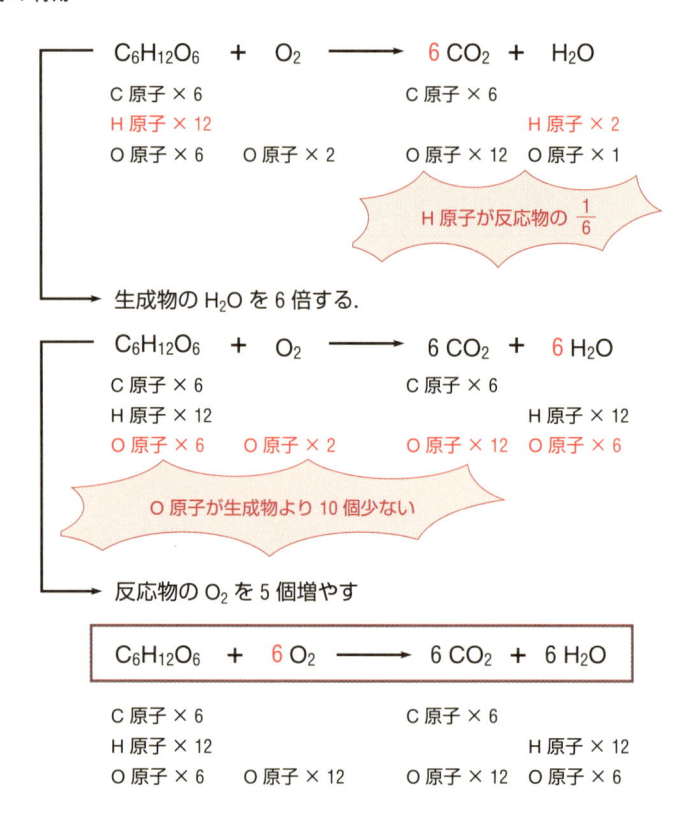

C 原子 × 6　　　　　　　　　　　C 原子 × 6
H 原子 × 12　　　　　　　　　　H 原子 × 12
O 原子 × 6　　O 原子 × 2　　　O 原子 × 12　O 原子 × 6

> O 原子が生成物より 10 個少ない

→ 反応物の O_2 を 5 個増やす

$$\boxed{\text{C}_6\text{H}_{12}\text{O}_6 + 6\,\text{O}_2 \longrightarrow 6\,\text{CO}_2 + 6\,\text{H}_2\text{O}}$$

C 原子 × 6　　　　　　　　　　　C 原子 × 6
H 原子 × 12　　　　　　　　　　H 原子 × 12
O 原子 × 6　　O 原子 × 12　　　O 原子 × 12　O 原子 × 6

　このようにして，最後に原子数の検算をしてみて，合っていれば OK です．
　グルコースは酸素がない状態では，エタノール（$\text{C}_2\text{H}_5\text{OH}$，または $\text{C}_2\text{H}_6\text{O}$）と二酸化炭素になります．この反応は，

$$\text{C}_6\text{H}_{12}\text{O}_6 \longrightarrow \Box\,\text{CO}_2 + \Box\,\text{C}_2\text{H}_6\text{O}$$

です．この係数を決めるために，まず一つの反応物（グルコース）と一つの生成物（エタノール）にしか登場しない原子である H の数を数えます．グルコースでは 12 個，エタノールでは 6 個ですから，この反応ではエタノールが 2 個できる必要があります．そうすると，生成物の C は 5 個（4 個はエタノール，1 個が CO_2）で，反応物の C は 6 個ですから，生成物側に C を一つ，すなわち CO_2 を一つ足します．

$$\text{C}_6\text{H}_{12}\text{O}_6 \longrightarrow 2\,\text{CO}_2 + 2\,\text{C}_2\text{H}_6\text{O}$$

O については，この時点で反応物に 6 個，生成物に 6 個ですから，過不足なしとなり，これがエタノール発酵の化学反応式になります．
　最後に一言．化学反応式は，出発原料となる化学種とその反応で生じる化学種がわかっていないとつくれません．出発原料あるいは生成物を知るためには相応の有機化学や生物化学の知識が必要になったり，場合よっては大がかりな研究が必要になります．

確認テスト

1. メタン CH_4 が空気中で燃焼すると，二酸化炭素 CO_2 と水 H_2O ができる．この反応の反応式を書きなさい．　　　　　　　$[CH_4 + 2\,O_2 \longrightarrow CO_2 + 2\,H_2O]$

2. メタノール CH_3OH が空気中で燃焼すると，二酸化炭素 CO_2 と水 H_2O ができる．この反応の反応式を書きなさい．　　　　　　　$[CH_3OH + \frac{3}{2}\,O_2 \longrightarrow CO_2 + 2\,H_2O]$

3. ガソリンの主成分であるイソオクタン（2,2,4-トリメチルペンタン，C_8H_{18}）が空気中で燃焼すると二酸化炭素 CO_2 と水 H_2O ができる．この反応の反応式を書きなさい．　　　　　　　$[C_8H_{18} + \frac{25}{2}\,O_2 \longrightarrow 8\,CO_2 + 9\,H_2O]$

4. 過酸化水素 H_2O_2 は水 H_2O と酸素 O_2 に分解する．この反応の反応式を書きなさい．　　　　　　　$[H_2O_2 \longrightarrow H_2O + \frac{1}{2}\,O_2]$

第9章　化学反応式の量的関係

到達目標　化学反応式一つで反応にかかわる分子の数の比がわかるので，そこから反応にかかわる分子の個数，質量，気体の体積など，すべての量的な関係がわかります．

プレテスト
1. 1 mol のグルコースが燃焼するとき，必要な酸素と，生成する水と二酸化炭素のモル数はそれぞれいくらか．
2. 1.000 g のグルコースが燃焼するとき，必要な酸素と，生成する水と二酸化炭素の質量はいくらか．
3. 25 ℃において，グルコースからエタノールができるエタノール発酵で二酸化炭素が 2.35 L 生じた．消費されたグルコースの質量と生成したエタノールの質量はいくらか．

プレテストの答え
1. O_2 6 mol，H_2O 6 mol，CO_2 6 mol
2. O_2 1.065 g，H_2O 0.6000 g，CO_2 1.465 g
3. グルコース 8.65 g，エタノール 4.42 g

9・1　化学反応式の係数の大切さをもう一度

　前章でも述べた通り，化学反応式は，化学の基本をすべて含んでいます．つぎのことは第4章と第8章で2回も書いたことですが（表現は違ってますが），とても大切なことなので，もう一度書きます．

> 化学反応式の中の係数は，その反応にかかわる分子の数（モル数）の比を表す

グルコースの燃焼反応

$$C_6H_{12}O_6 + 6\,O_2 \longrightarrow 6\,CO_2 + 6\,H_2O$$

は，"グルコース1個（mol）が6個（mol）の酸素と反応して6個（mol）の二酸化炭素と6個（mol）の水ができる"と表現できます．この文章の中で出てくる"個数"が化学反応式の各化学種の前についている係数 1, 6, 6, 6 であり，この数字の比で化学反応のすべての量的な関係を知ることができる，とても大切な数字です．

式は言葉で！：化学に出てくる式は，化学式，代数式にかかわらず，理解する早道は，言葉に直して何度でも唱えてみることです．

9・2 化学反応における質量保存の法則

化学反応式は，一定の質量をもつ原子の種類とその数が矢印の両側で一致していることをもとにして得られたのですから，反応の前後では質量は一致していなければなりません．これが**質量保存の法則**です．グルコースの燃焼反応で確認してみましょう．

質量保存の法則 the law of conservation of mass

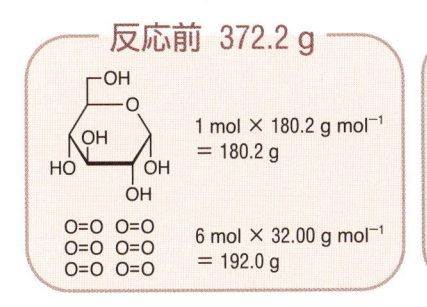

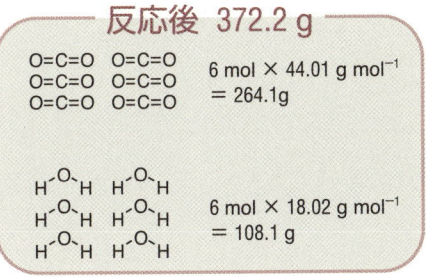

質量が保存されない反応：原子核が壊れたり，結合したりする原子核反応では，反応物と生成物の質量は一致しません．その質量差に光の速度（3×10^8 m s^{-1}）の2乗を掛けた莫大なエネルギーが放出されます．これが核結合エネルギーです．

― 反応前 372.2 g ―
- グルコース: 1 mol × 180.2 g mol^{-1} = 180.2 g
- O=O O=O / O=O O=O / O=O O=O : 6 mol × 32.00 g mol^{-1} = 192.0 g

― 反応後 372.2 g ―
- O=C=O ×6 : 6 mol × 44.01 g mol^{-1} = 264.1 g
- H-O-H ×6 : 6 mol × 18.02 g mol^{-1} = 108.1 g

反応の前後で質量は一致していますね．

もし，この反応がグルコース1.000 gで始まった場合はどうなるでしょうか？ グルコース，O_2，CO_2，H_2Oのモル比は1：6：6：6ですから，グルコース1.000 gのモル数とその他の化学種のモル質量（分子量）さえわかればOKです．グルコース1.000 gのモル数をxとすると，

$$1 \text{ mol} : 180.2 \text{ g} = x \text{ mol} : 1.000 \text{ g}$$

より，$x = 5.549\times10^{-3}$ mol となり，あとは芋づる式に必要なO_2のモル数と生成するCO_2およびH_2Oのモル数と質量がわかります．化学反応式の右辺と左辺の質量が一致していることは皆さんで確かめてください．

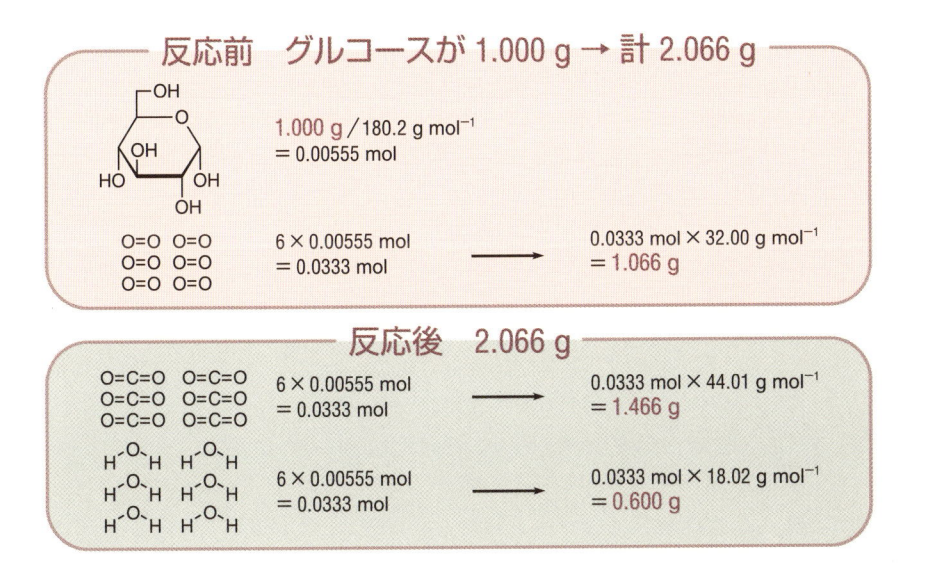

― 反応前　グルコースが1.000 g → 計 2.066 g ―
- グルコース: 1.000 g / 180.2 g mol^{-1} = 0.00555 mol
- O=O ×6 : 6 × 0.00555 mol = 0.0333 mol → 0.0333 mol × 32.00 g mol^{-1} = 1.066 g

― 反応後 2.066 g ―
- O=C=O ×6 : 6 × 0.00555 mol = 0.0333 mol → 0.0333 mol × 44.01 g mol^{-1} = 1.466 g
- H-O-H ×6 : 6 × 0.00555 mol = 0.0333 mol → 0.0333 mol × 18.02 g mol^{-1} = 0.600 g

9・3 気体の体積もわかる

理想気体: 気体は私たちが日常生活を営んでいる圧力と温度付近では, 理想気体として扱えます. 理想気体には
圧力 × 体積 ＝ モル数 × 温度 × 気体定数
の関係が成立し, 1気圧下, 0 ℃ では 22.4 L mol^{-1}, 25 ℃ では 24.5 L mol^{-1} のモル体積(1 mol 当たりの体積)をもちます.

グルコースの燃焼反応にかかわっている分子のうち O_2 と CO_2 は気体です. 気体は種類を問わず 1 mol 当たり 24.5 L (25 ℃) として扱えますから, グルコース 1.000 g の燃焼では 3.330×10^{-2} mol × 24.5 L mol^{-1} = 0.816 L の O_2 が 25 ℃ では消費され, 代わりに同じ量の CO_2 が生じます.

エタノール発酵の例で, 逆に 2.35 L の二酸化炭素ができるのに必要なグルコースの質量と, 生成するエタノールの質量を求めてみましょう. 温度は 25 ℃ とします. エタノール発酵の化学反応式は,

$$C_6H_{12}O_6 \longrightarrow 2\,CO_2 + 2\,C_2H_5OH$$

でしたから, グルコース 1 mol から二酸化炭素 2 mol が生じます. つまりモル比はグルコース:エタノール＝1:2 になります.

反応前

(グルコースの構造式)

0.0480 mol × 180.2 g mol^{-1} = 8.65 g

反応後

O=C=O   2 × x mol × 24.5 L mol^{-1}
O=C=O   = 2.35 L

⟶ x = 0.0480 mol

CH$_3$–CH$_2$–OH   2 × 0.0480 mol × 46.08 g mol^{-1}
CH$_3$–CH$_2$–OH   = 4.42 g

このようにして, この反応で二酸化炭素 2.35 L ができたことがわかると, 反応物のグルコースは 8.65 g が分解し, エタノールが 4.42 g できることがわかります.

9・4 1 mol 当たりの量がわかれば, 何でも求められる

熱 → エンタルピー変化: 高等学校の化学で反応熱や溶解熱, 生成熱として学んだ熱は, エンタルピー変化と名前を変え, 符号も逆転します. 詳しいことは物理化学の講義で学んでください.

本章では質量や体積を題材に述べてきましたが, 反応式の係数から, 反応にかかわっている化学種の 1 mol 当たりの量がわかっていれば, 質量や体積に限らずどんな量でも求めることができます.

- 1 mol 当たりの質量: モル質量(g mol^{-1}), 分子量や式量と同じ値
- 1 mol 当たりの体積: モル体積(L mol^{-1})
- 1 mol 当たりの分子数: アボガドロ定数(mol^{-1})
- 1 mol 当たりの反応熱: モル反応熱(J mol^{-1})
- 1 mol 当たりの溶解熱: モル溶解熱(J mol^{-1})

などなど, たくさんあります.

確 認 テ ス ト

1. 25 ℃ でエテン（エチレン）C_2H_4 に水素 H_2 を作用させたところ，2.45 L の H_2 が消費され，エタン C_2H_6 が生じた．消費されたエテンと生じたエタンの質量はいくらか．
   [C_2H_4 2.81 g，C_2H_6 3.01 g]

2. ガソリンの主成分であるイソオクタン（2,2,4-トリメチルペンタン，C_8H_{18}）0.500 L（小さいペットボトル 1 本分）を空気中で燃焼させたとき，生じる二酸化炭素 CO_2 と水 H_2O の質量はいくらか．イソオクタンの密度は 0.690 g mL^{-1} とする．
   [CO_2 1.07 kg，H_2O 0.490 kg]

3. 2 の反応が 0 ℃ で起こるとき，消費される酸素 O_2 と発生する二酸化炭素 CO_2 の体積は 500 mL のペットボトル何本分になるか．
   [O_2 846 L なので 1692 本分，CO_2 541 L なので 1082 本分]

4. 水素 H_2 と酸素 O_2 からゆっくりと水 H_2O を生成させると，H_2O 1 mol 当たり 237 kJ の電気エネルギーを取出すことができる．この反応を大気圧下，室温付近で 1.00 L の水素 H_2 を使って行った場合，取出せる電気エネルギーはいくらになるか．
   [9.67 kJ]

第Ⅱ部
化学平衡

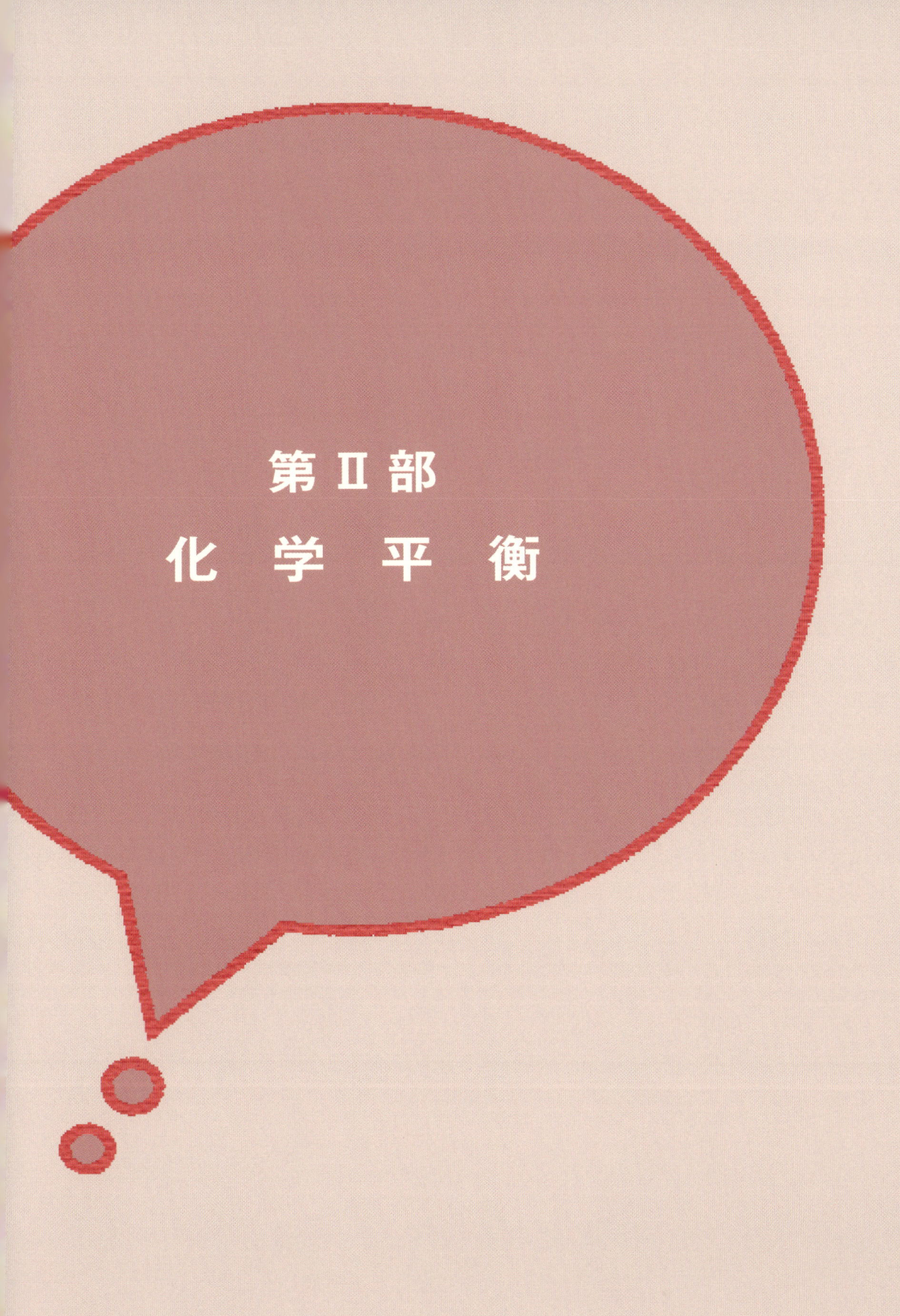

第10章　化学平衡と平衡定数

> **到達目標**　いろいろな化学変化は平衡状態を目指して進行します．平衡状態に達したら，見かけ上，変化は見られません．平衡状態における化学種の量的な関係を示すのが平衡定数です．平衡定数の値から，その反応がどちらに進行するのか，どこまで進行するのかがわかります．化学平衡は化学の最も大切な部分なので，しっかりと理解するようにしてください．

> **プレテスト**
> 1. A+B⇌C+D の反応が平衡に達している．平衡状態とはどのような状態か．
> 2. 1で平衡状態における A，B，C，D の濃度（平衡濃度）をそれぞれ $[A]_{eq}$，$[B]_{eq}$，$[C]_{eq}$，$[D]_{eq}$ で表すとき，この反応の平衡定数 K を A，B，C，D の平衡濃度で表しなさい．

> **プレテストの答え**
> 1. A，B，C，D の各化学種の濃度が見かけ上，変化していない状態．
> 2. $K = \dfrac{[C]_{eq}[D]_{eq}}{[A]_{eq}[B]_{eq}}$

10・1　力の釣り合いと平衡状態

化学の最も大切な部分，**化学平衡**に入る前に，**平衡**とはどういうことかを説明します．まず，運動会の綱引きを思い浮かべてください．

化学平衡　chemical equilibrium

平衡　equilibrium

綱は，右から引く力と左から引く力が同じだと，動かない．
釣り合いが取れている → 力学的 **平衡状態**

綱は両側から強い力で引っ張られているはずですが，両側から引っ張る力が同じなら，釣り合いが取れているので動きません．これを（力学的）平衡状態といいます．

つぎに，天秤を思い浮かべてください．天秤の支点を中心として，両側に重りを付けると，重りの重さと支点からの距離によって天秤はどちらかに傾きますね．そして，"（落ちようとする力）×（支点〜作用点間の距離）"が天秤の両側で同じになったとき，天秤は釣り合いが取れて，そのまま動きません．釣り合いが取れて動かないので（力学的）平衡状態です．そして，釣り合いが取れた状態の支点の位置が**重心**です．

平衡状態にある天秤で，重りの質量を変えたり，支点〜作用点間の距離を変えたりすると，"（質量）×（支点〜作用点間の距離）"が天秤の両側で変わるので，重心が移動し，再び天秤が傾きます．平衡が崩れた状態です．

落ちようとする力：地上では，質量をもつ物質はすべて地球に引っ張られています．地球が引っ張る力を重力といい，重力の大きさは，

　重力の標準加速度×質量

になります．重力加速度はどの物質にも同じ大きさで働くので，質量の違いが重力の大きさにかかわってきます．

これを再度，釣り合った状態にするには，支点の位置を移動させ重心に一致させます．これで新たな平衡状態になります．天秤の場合，重心は平衡の位置を決める平衡点といえるでしょう．一つの平衡状態から，新たな平衡状態になることを，平衡が移動した，と言います．天秤では重心の移動により平衡の移動が起こりますから，平衡の移動は平衡点の移動により生じることがわかります．

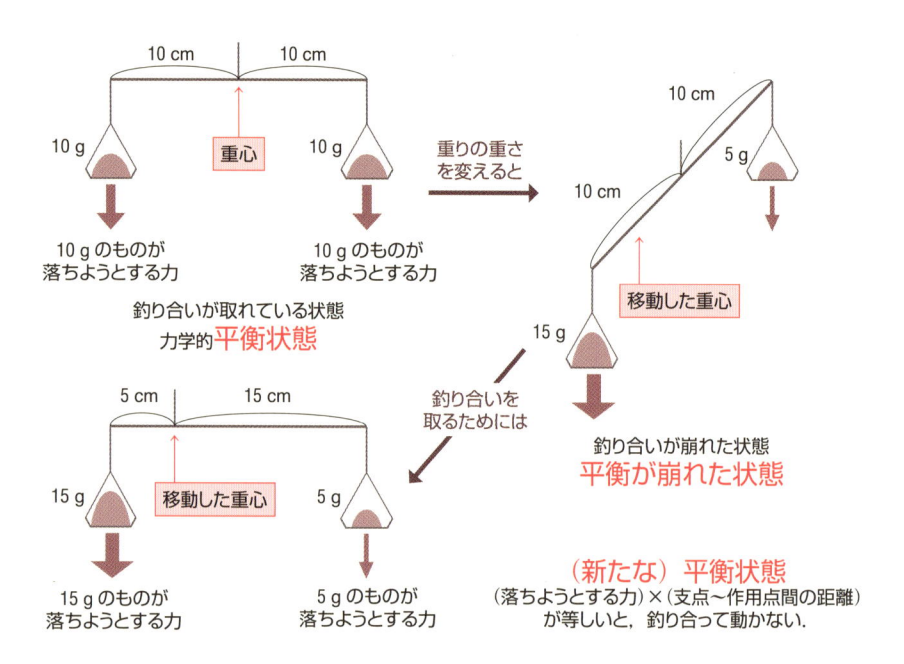

綱引きや天秤の考察から得られることは，"平衡状態では動いていないのではなく，釣り合いが取れているから動かないように見えている"ということです．

10・2 化学における平衡

高等学校の化学で，酢酸とエタノールを少量の酸を触媒として使い反応させると酢酸エチルができる反応が出てきます．この反応の反応式を書いてみます．酸は触媒なので，反応式からは除外できます．

$$CH_3COOH + C_2H_5OH \rightleftharpoons CH_3COOC_2H_5 + H_2O \tag{1}$$

触媒 catalyst：化学反応の速度を著しく変えるのに，自分自身は反応の開始前と終了後では変化しない（途中では変化している）ものです．反応式に現れませんし，平衡定数も変えません．

→と⇌：化学反応式を書くとき，→を使うときと，⇌を使うときがあります．どの化学反応も，←にも進行するので，⇌で書くのが本筋です．しかし，逆反応がものすごく遅くて，事実上無視できる場合は，→で表します．

この反応はどこまで進行するのでしょうか？　答えは"（化学）平衡状態になるまで"です．§10・1の（力学的）平衡状態のところで説明したように，平衡状態とは釣り合いが取れて動かないように見える状態ですから，化学反応の平衡状態とは，見かけ上反応が進行していない状態，ということになります．

しかし，反応が進行していないように見える平衡状態でも，式1で→に進行する反応と←に進行する反応がものすごい勢いで起こっています．ただ，その釣り合いが完全に取れているので，私たちにはまったく反応していないように見えるだけなのです．

	酢酸					酢酸エチル				

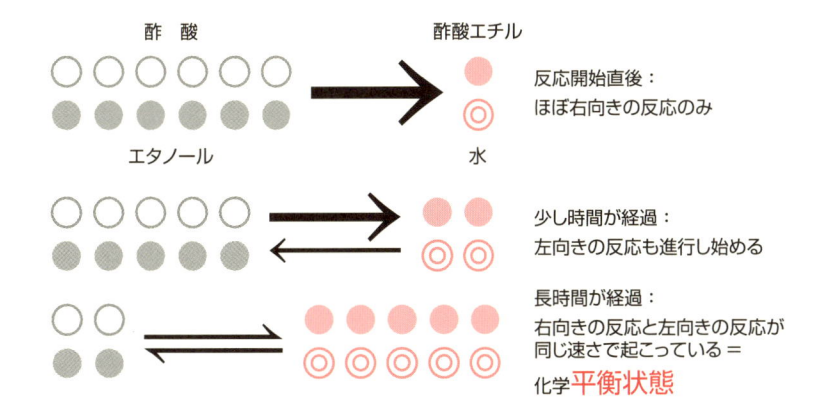

反応開始直後：
ほぼ右向きの反応のみ

少し時間が経過：
左向きの反応も進行し始める

長時間が経過：
右向きの反応と左向きの反応が
同じ速さで起こっている＝
化学**平衡状態**

10・3　反応がどこまで進行するかは平衡定数が決める

　天秤のところで，"（落ちようとする力）×（支点〜作用点間の距離）（＝力のモーメント）が同じときが（力学的）平衡状態である"と説明しました．（化学）平衡状態は，右向きの反応（正反応）と左向きの反応（逆反応）で"（化学種の量）×（反応の起こりやすさ）（＝反応速度）が同じ"ときに成立します．一定の体積の溶液中では，モル濃度が化学種の量に比例しますから，化学種の量はモル濃度に置き換えられます．そして，"正反応の反応速度＝逆反応の反応速度"になると，（化学）平衡に達したことになります．単に反応物と生成物*の濃度が等しくなるところが平衡状態ではないことに注意しましょう．

　酢酸とエタノールから酢酸エチルができる反応の場合，酢酸（○）とエタノール（●）から酢酸エチル（●）と水（◎）ができる反応の方が，酢酸エチルと水から酢酸とエタノールができる反応よりも起こりやすいことがわかっています．

　見かけ上，反応が進行していないのが平衡状態ですから，平衡状態では反応にかかわっている化学種の濃度は一定になります．そして，一定となる化学種の濃度（すなわち**平衡濃度**）を使って表されるのが**平衡定数 K** です．高校の化学で出てくる酸解離定数，水のイオン積，溶解度積は，見た目は違いますが，すべて平衡定数です．そして，**すべての化学反応は，この平衡定数で決まる平衡濃度になるまで進行します**．

* ここで，反応物と生成物といっているのは，正反応を基準にしています．

平衡濃度 equilibrium concentration

平衡定数 equilibrium constant

K と k：平衡定数は一般に大文字の K で表します．これに対し，小文字の k は反応速度定数を表します．この k が反応の起こりやすさを示すものです．触媒は K の値を変えることはありません．

10・4　化学平衡の法則

　平衡定数は生成物の平衡濃度の積を反応物の平衡濃度の積で割ることで得られます．酢酸とエタノールから酢酸エチルと水ができる平衡反応の平衡定数は，

$$CH_3COOH + C_2H_5OH \overset{K}{\rightleftharpoons} CH_3COOC_2H_5 + H_2O$$

$$K = \frac{[CH_3COOC_2H_5]_{eq}\,[H_2O]_{eq}}{[CH_3COOH]_{eq}\,[C_2H_5OH]_{eq}} \quad (無次元)$$

と表されます．

　反応の係数はべき乗の形でかかわってきます．2分子の酢酸から水が取除かれて無水酢酸ができる反応では，

化学平衡の法則 law of mass action：高等学校の教科書では，**質量作用の法則**と記載されています．しかし，質量はまったく関係がないので，ここではもう一つの言い方である"化学平衡の法則"を使います．

[ ] は濃度：化学では，暗黙の了解のもとに使われる記号がいくつかあります．[ ] はそのうちの一つで，囲まれた物質の濃度を表します．

平衡濃度は特別扱い: 平衡濃度は変化しないため, 特別な濃度といえます. 本書では, 平衡濃度と非平衡濃度の違いが重要な場合には, 平衡濃度に添え字 eq を付けて表すことにします.

$$2\,CH_3-\overset{\overset{O}{\|}}{C}-OH \underset{}{\overset{K}{\rightleftharpoons}} CH_3-\overset{\overset{O}{\|}}{C}-O-\overset{\overset{O}{\|}}{C}-CH_3 + H_2O$$

$$K = \frac{[CH_3COOCOCH_3]_{eq}\,[H_2O]_{eq}}{[CH_3COOH]_{eq}^2} \quad (無次元)$$

となります. これらは**化学平衡の法則**を式で表したものです. どの化学反応にも, その温度と圧力が一定であれば, 決まった K の値が存在します. つまり, K の値は, 温度と圧力が同じなら, 決して変わることのない定数です.

平衡定数は化学反応式に基づく: 平衡定数 K は化学反応式に基づいて決まります.

$$H_2 + \tfrac{1}{2}O_2 \rightleftharpoons H_2O$$

と反応式が書かれていれば

$$K_1 = \frac{[H_2O]_{eq}}{[H_2]_{eq}[O_2]_{eq}^{1/2}}$$

となり,

$$2H_2 + O_2 \rightleftharpoons 2H_2O$$

と反応式が書かれていれば

$$K_2 = \frac{[H_2O]_{eq}^2}{[H_2]_{eq}^2[O_2]_{eq}}$$

となります. K_1 と K_2 は値も単位も違います. しかし, 値も単位も $K_2 = K_1^2$ になっています.

10・5 平衡定数は初濃度では表せない

ここで注意してもらいたいのは, 平衡定数の中に現れている化学種の濃度は平衡状態における濃度であり, 初濃度ではないということです. たとえば, 酢酸エチルの合成反応を, 酢酸 $1\,mol\,L^{-1}$, エタノール $1\,mol\,L^{-1}$, 酢酸エチル $1\,mol\,L^{-1}$, 水 $1\,mol\,L^{-1}$ から始めたとします. この濃度がはじめの濃度だから初濃度ですね.

$$CH_3COOH + C_2H_5OH \overset{K}{\rightleftharpoons} CH_3COOC_2H_5 + H_2O$$

初濃度: $\quad 1\,mol\,L^{-1} \quad 1\,mol\,L^{-1} \quad 1\,mol\,L^{-1} \quad 1\,mol\,L^{-1}$

平衡濃度: $[CH_3COOH]_{eq} \quad [C_2H_5OH]_{eq} \quad [CH_3COOC_2H_5]_{eq} \quad [H_2O]_{eq}$

初濃度も特別な濃度: 平衡状態の濃度と同じように, 初濃度も特別扱いされる濃度です. それは, 私たちが溶液を調製するときの濃度だからです. 平衡濃度と同様に, 特に区別したい場合は, $[X]_0$ と添え字で 0 を付けて表すことにします.

初濃度が与えられたからと早合点して, 平衡定数 $K = (1\,mol\,L^{-1} \times 1\,mol\,L^{-1})/(1\,mol\,L^{-1} \times 1\,mol\,L^{-1}) = 1$ としてはいけません. この反応の平衡定数は 25 ℃ で約 4.3 ですが, この値になるように各成分の濃度が変化し, それぞれが平衡濃度になった時点で平衡状態になります.

平衡定数がわかり, 化学反応式が書ければ, 各化学種の初濃度からその平衡濃度を計算で求めることができます.

10・6 平衡が崩れると…

天秤の力学的平衡では, 重りの質量を変えると平衡が崩れます. しかし, 支点を新たな重心の位置まで動かすことによって, 新たな力学的平衡状態になります. 化学平衡では, 反応の起こりやすさは反応ごとに決まっているので, 濃度が平衡濃度では無くなると化学平衡は崩れます.

平衡の偏り: 平衡定数が大きい化学反応では, 正反応の方が進行しやすく, 反応物よりも生成物の割合が大きくなります. こういう状態を, よく"平衡が生成物側に偏っている"といいます. 酢酸と酢酸エチルの場合ですと, "酢酸エチル側に平衡が偏っている"となります.

酢酸と酢酸エチルの平衡反応では, 水が生成します. この水が何らかの方法で取除かれると (たとえば, 継続する反応があり, その反応で使われてしまったなど), 水の濃度が平衡濃度よりも低くなるため, 水が生成する反応 (正反応) が進行して平衡状態を保とうとします. 一方, エタノールが取除かれると, 逆反応が進行して平衡状態を保とうとします.

酢酸　　　　　　　酢酸エチル

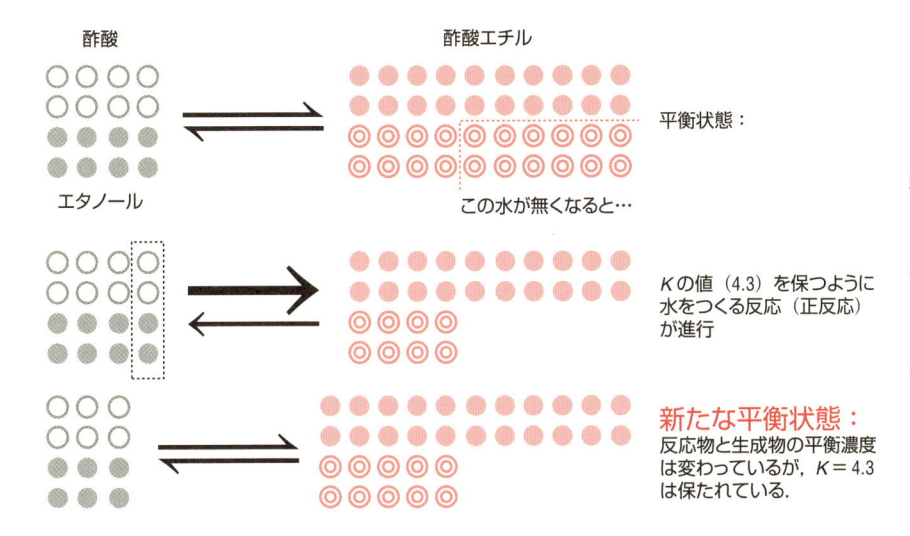

平衡状態：

この水が無くなると…

Kの値（4.3）を保つように水をつくる反応（正反応）が進行

新たな平衡状態：
反応物と生成物の平衡濃度は変わっているが、$K = 4.3$ は保たれている．

私たちの体の中の反応： 私たちの体の中で起こっている反応は，一つの反応の生成物がつぎの反応の反応物になっていることがほとんどです．このすべての反応の平衡定数を保つように，体の中では平衡移動が繰返されています．

化学平衡状態で，いずれかの化学種の濃度が低くなったり高くなったりすると，その濃度変化を無くすように化学反応は進行します．このことは**ルシャトリエの原理（平衡移動の原理）**ともいわれます．名前を覚える必要はありませんが，中身，すなわち平衡定数の成り立ちと，平衡濃度とその時点での濃度の違いが化学平衡の位置に及ぼす影響については，しっかりと理解するようにしてください．

ルシャトリエの原理 Le Chatelier's principle

平衡移動の原理 principle of mobile equilibrium

確認テスト

1. $A \rightleftarrows B$ の反応の平衡定数を1としたとき，AとBの平衡状態における濃度にはどのような関係があるか． 　　　　　　　　　　　　　　　　　　[$[A]_{eq} = [B]_{eq}$]
2. 1で $[A] = 0$，$[B] = 1$ のとき，この反応はどちら向きに進行するか．
　　　　　　　　　　　　　　　　　　　　　　　　　　　　　　　　　[左向き（逆反応）]
3. $A \rightleftarrows B$ の反応の平衡定数を1000としたとき，AとBの平衡状態における濃度にはどのような関係があるか． 　　　　　　　　　　　　　[$[B]_{eq} = 1000 \times [A]_{eq}$]
4. 3で $[A] = [B] = 1$ のとき，この反応はどちら向きに進行するか．
　　　　　　　　　　　　　　　　　　　　　　　　　　　　　　　　　[右向き（正反応）]
5. $A + B \rightleftarrows C + D$ の反応で平衡定数を10としたとき，A，B，C，D の平衡状態における濃度にはどのような関係があるか．　[$[C]_{eq} \times [D]_{eq} = 10 \times [A]_{eq} \times [B]_{eq}$]
6. 5で $[A] = 1$ mol L^{-1}，$[B] = 0.1$ mol L^{-1}，$[C] = 0.1$ mol L^{-1}，$[D] = 0.1$ mol L^{-1} のとき，3の反応はどちらに進行するか． 　　[正反応（CとDを増やす方向）]

第11章 酸 と 塩 基

到達目標　代表的な化学平衡の一つが酸と塩基の反応でしょう．ところで，酸とは何でしょうか？　塩基とは何でしょうか？　酸と塩基の実体を理解できれば，酸塩基反応はとても簡単になります．

プレテスト
1. 酸および塩基とは何か．
2. 共役酸・共役塩基とは何か．

プレテストの答え
1. ① 酸は H^+ そのもの，塩基は OH^- そのもの；② 酸は水中の H^+ の濃度を増大させる化学種，塩基は水中の OH^- の濃度を増大させる化学種；③ 酸は H^+ を放出する化学種，塩基は H^+ を受け取る化学種；④ 酸は電子対を受け取る化学種，塩基は電子対を与える化学種；いずれも正解．
2. プレテスト1の③の酸と塩基の関係で，H^+ を放出する化学種が共役酸で，その H^+ を受け取る化学種が共役塩基．

11・1　酸とは？　塩基とは？(1)：アレニウス酸・塩基

酸塩基平衡
acid-base equilibrium

酸　acid

塩基　base

最もよく知られた化学平衡の一つが**酸塩基平衡**でしょう．**酸と塩基**は，実は奥が深い世界で，皆さんを混乱させること請け合いですが，まず

> 酸：　水中の H^+ 濃度を上げることができる化学種
> 塩基：水中の OH^- 濃度を上げることができる化学種

酸と塩基の種類：酸と塩基という言葉はいろいろな意味で使われます．

$\left\{\begin{array}{l}\text{アレニウス酸・塩基}\\\text{ブレンステッド酸・塩基}\\\text{ルイス酸・塩基}\end{array}\right.$

これから学んでいきます．

塩酸と塩化水素：硫酸や酢酸などは物質名です．これに対して塩酸は，塩化水素（HCl）分子が溶けている水溶液のことをいいます．HClをメタノールに溶かした溶液は，塩化水素メタノール溶液です．

としておきましょう（§11・2でこの定義はすぐに拡張されます）．これが**アレニウス酸・塩基**です．

そして，H^+ や OH^- を容易に放出する化学種が強い酸や強い塩基になります．身近な酸は，塩化水素 HCl，硫酸 H_2SO_4，硝酸 HNO_3，酢酸 CH_3COOH，クエン酸 $HOOCCH_2C(OH)(COOH)CH_2COOH$ など，H^+ を直接放出できるものがほとんどです．ホウ酸 H_3BO_3 は H^+ は直接放出しませんが，水中では水と反応して $H_4BO_4^-$ となり H^+ 濃度を増大させる立派な酸です．

$$HCl \rightleftharpoons H^+ + Cl^-$$
$$H_2SO_4 \rightleftharpoons 2H^+ + SO_4^{2-}$$
$$HNO_3 \rightleftharpoons H^+ + NO_3^-$$
$$CH_3COOH \rightleftharpoons H^+ + CH_3COO^-$$

$$\text{HOOC-C(COOH)(OH)-CH}_2\text{COOH} \rightleftharpoons 3H^+ + {}^-\text{OOC-C(COO}^-)(OH)\text{-CH}_2\text{COO}^-$$

$$B(OH)_3 + H_2O \rightleftharpoons H^+ + HO-B^-(OH)_3$$

一方,塩基には水酸化ナトリウム NaOH,水酸化バリウム Ba(OH)$_2$ など,直接 OH$^-$ を放出できるものもありますが,アンモニア NH$_3$ や炭酸ナトリウム Na$_2$CO$_3$ のように,自分自身が OH$^-$ をもっていなくても,水を解離させて OH$^-$ 濃度を増大させるものもあります.

$$NaOH \rightleftharpoons Na^+ + OH^-$$
$$Ba(OH)_2 \rightleftharpoons Ba^{2+} + 2\,OH^-$$
$$NH_3 + H_2O \rightleftharpoons NH_4^+ + OH^-$$
$$Na_2CO_3 + 2\,H_2O \rightleftharpoons 2\,Na^+ + 2\,OH^- + H_2CO_3$$

硫酸やクエン酸,水酸化バリウムのように,1個の分子から2個以上の H$^+$ や OH$^-$ を放出できる酸・塩基もあります.硫酸はつぎのように2段階で H$^+$ を放出します.

$$H_2SO_4 \rightleftharpoons H^+ + HSO_4^-$$
$$HSO_4^- \rightleftharpoons H^+ + SO_4^{2-}$$

H$_2$SO$_4$ はよく知られた酸ですが,HSO$_4^-$ も酸です.

多価の酸・塩基:一つの分子から複数個の H$^+$ や OH$^-$ を放出できる分子は,多価の酸・塩基とよばれます.3個の H$^+$ を放出できるクエン酸は3価の酸です.これに対し,一つの分子から一つの H$^+$ や OH$^-$ しか放出できない分子が1価の酸・塩基です.

11・2 酸とは? 塩基とは?(2):ブレンステッド酸・塩基

水は解離して H$^+$ や OH$^-$ を生じるので,酸でもあり,塩基でもある物質です.§11・1 では"酸・塩基とは H$^+$ や OH$^-$ の濃度を増大させる化学種"と言いましたが,舌の根も乾かぬうちにもう一つの酸・塩基の定義をしなければなりません.

> 酸: H$^+$ を放出するもの
> 塩基: H$^+$ を受け取るもの

これがブレンステッド酸・塩基の定義*です.
この定義に従って水の解離を表すと

$$2\,H_2O \rightleftharpoons H_3O^+ + OH^-$$

となります.二つの H$_2$O のうち,一つの H$_2$O(下の図の水 B)は,もう一つの H$_2$O(水 A)に H$^+$ を与えていますから酸です.これに対し水 A は水 B から H$^+$ を受け取るので塩基です.

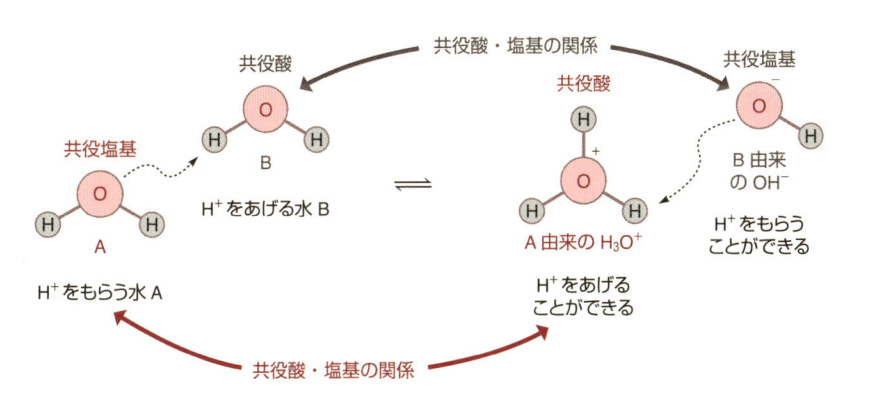

H$^+$ は単独では存在できない:溶液中で H$^+$ は単独では存在できず,いつも他の化学種にくっついています.相手が水なら H$_3$O$^+$ ですし,CH$_3$COO$^-$ なら CH$_3$COOH です.

* 化学の世界で酸・塩基という場合,このブレンステッド酸・塩基のことを念頭に置いていることが多いようです.ブレンステッド・ローリー酸・塩基ともよびます.

H$^+$ か H$_3$O$^+$ か:水の解離平衡は

$$H_2O \rightleftharpoons H^+ + OH^-$$

と表されたり,

$$2\,H_2O \rightleftharpoons H_3O^+ + OH^-$$

と表されたりします.水中で H$^+$ は単独では存在できないので,下式がより正確に水の解離平衡を表しています.特に H$_3$O$^+$ のことを強調する場合以外は,H$^+$ が H$_3$O$^+$ になっていることを承知のうえで,上式で水の解離平衡を表すことにします.

共役酸　conjugated acid
共役塩基　conjugated base

つぎに生成物を見てみると，H_3O^+ は H^+ を放出することで自分は H_2O に戻りますから酸になりますし，OH^- は H^+ をもらうことで H_2O に戻りますから，塩基になります．

このように，反応物の塩基は生成物の酸とつながりがあり，反応物の酸は生成物の塩基とつながりがあります．このような関係の酸と塩基のことを**共役酸・共役塩基**といいます．上の例では，

> 水 A は H_3O^+ の**共役塩基**，H_3O^+ は水 A の**共役酸**
> 水 B は OH^- の**共役酸**，OH^- は水 B の**共役塩基**

になります．実際には水 A と水 B は区別できませんから，水は酸でもあり塩基でもある，ということになります．

共役酸・共役塩基の考え方はとても大切なので，もう少し例をあげておきます．酢酸 CH_3COOH は，水中では CH_3COO^- と H^+（H_3O^+）になります．つぎの図からわかるように，

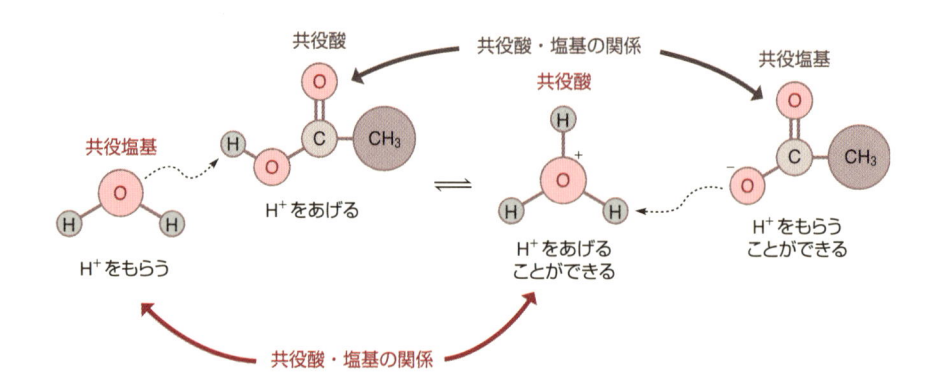

> CH_3COOH は CH_3COO^- の**共役酸**，CH_3COO^- は CH_3COOH の**共役塩基**
> H_2O は H_3O^+ の**共役塩基**，H_3O^+ は H_2O の**共役酸**

になります．

確認テストにいくつかの共役酸・共役塩基について問題を載せました．その中で，水が相手によって酸にも塩基にもなることを理解してください．そして，相手によって酸にも塩基にもなるのは，水だけの特別な性質ではないことも理解してください．

確認テスト

1. 塩化水素 HCl は水中で H^+ と Cl^- を生じる．Cl^- は何の共役酸あるいは共役塩基か．　　　　　　　　　　　　　　　　　　　　　　[HCl の共役塩基]
2. 水酸化ナトリウム NaOH は水中で Na^+ と OH^- を生じる．Na^+ は何の共役酸あるいは共役塩基か．　　　　　　　　　　　　　　　　　　　[NaOH の共役酸]

3. 確認テスト1の反応において H_2O は何の共役酸あるいは共役塩基か.

[H_3O^+ の共役塩基]

4. アンモニア NH_3 は水中で NH_4^+ と OH^- を生じる．この反応で，共役酸と共役塩基の関係にあるものを指摘しなさい．

[NH_3 は NH_4^+ の共役塩基，NH_4^+ は NH_3 の共役酸．H_2O は OH^- の共役酸，OH^- は H_2O の共役塩基]

5. 硫酸 H_2SO_4 水溶液中における共役酸と共役塩基の関係にある組をすべてあげなさい．

[H_2SO_4(共役酸)–HSO_4^-(共役塩基), HSO_4^-(共役酸)–SO_4^{2-}(共役塩基), H_3O^+(共役酸)–H_2O(共役塩基)]

第12章 水の解離平衡

到達目標 水の中での酸と塩基の反応は平衡反応です．そして，酸解離定数や水のイオン積はいずれも平衡定数の一つです．平衡と平衡定数が理解できていれば，酸と塩基は基本から理解できるようになります．

プレテスト
1. 水の解離平衡式を書き表しなさい．
2. 水のイオン積とは何か．
3. 室温付近で水中の H^+ 濃度が $1×10^{-5}$ mol L^{-1} のとき，OH^- の濃度はいくらか．
4. 室温付近で 0.100 mol L^{-1} の酢酸水溶液中の酢酸イオンの濃度はいくらか．

プレテストの答え
1. $H_2O \rightleftharpoons H^+ + OH^-$ あるいは $2H_2O \rightleftharpoons H_3O^+ + OH^-$
2. $K_w = [H^+] × [OH^-] = 1×10^{-14}$ mol^2 L^{-2} のこと（室温付近）．
3. $1×10^{-9}$ mol L^{-1}
4. $2.18×10^{-3}$ mol L^{-1}

12・1 水の解離平衡とイオン積

§ 11・2 で示した水から H_3O^+ と OH^- が生成する反応式では，通常は一つの水分子を省略して

$$H_2O \underset{}{\overset{K}{\rightleftharpoons}} H^+ + OH^-$$

初濃度：　　　55.5 mol L^{-1}　　　　0 mol L^{-1}　　0 mol L^{-1}
平衡濃度：55.5$-x$ mol L^{-1}　　　　x mol L^{-1}　　x mol L^{-1}

> 水の"モル濃度"：水は 1 L がほぼ 1 kg なので，モル質量 18.02 より水 1 L 中には H_2O 分子が 55.5 mol あることになります．よって水のモル濃度は 55.5 mol L^{-1} となります．

と書きます．このように一つの分子から複数の分子やイオンが生成することを，**解離**する，といいます．水の解離は平衡反応です．よって，決まった値の平衡定数があります．その値は，上の反応式の平衡濃度を使って表せます．

> 解離　dissociation

$$K_w' = \frac{[H^+]_{eq}[OH^-]_{eq}}{[H_2O]_{eq}} = \frac{x \cdot x}{55.5-x} \approx \frac{x \cdot x}{55.5}$$

ここで x（H^+ と OH^- の濃度）は低いと推定すると，分母の $[H_2O]_{eq} = 55.5-x$ を 55.5 と近似できます．この 55.5 は定数ですから，定数 K_w' と一緒にして，

$$K_w = K_w' × 55.5 = [H^+]_{eq}[OH^-]_{eq} \tag{1}$$

> 水のイオン積　ion product of water：正確に $1.00×10^{-14}$ mol^2 L^{-2} になるのは 24 ℃ の場合です．25 ℃ では $1.01×10^{-14}$ mol^2 L^{-2} になりますが，いろいろなデータが 25 ℃ を基準にしているので，本文中では $1.00×10^{-14}$ mol^2 L^{-2} としました．

この K_w が**水のイオン積**で，25 ℃ で $1.00×10^{-14}$ mol^2 L^{-2} の値となります．純粋な水の場合，$[H^+]_{eq} = [OH^-]_{eq}$ なので $K_w = [H^+]_{eq}^2$ とおけて，$[H^+]_{eq} = \sqrt{K_w}$ となり，$[H^+]_{eq} = 1.00×10^{-7}$ mol L^{-1} になります．当然，$[OH^-]_{eq} = 1.00×10^{-7}$ mol L^{-1} ですね．

12・2 水の中では $[H^+]×[OH^-]$ はいつも一定

水の中に他の物質が入ると K_w はどうなるでしょうか．外から酸や塩基を加え

ると溶液中の H^+ や OH^- は当然増えます．しかし，K_w はあくまでも定数です．その積が $1.00 \times 10^{-14}\,\mathrm{mol^2\,L^{-2}}$（25℃では）になるように，水溶液中の H^+ と OH^- の濃度が変化します．つまり，酸が加わると水中の H^+ が増えるので OH^- が減ります．逆に，塩基が加わると水中の OH^- が増えるので H^+ が減ります．そしてその変化量は K_w によって決まります．

塩化水素 HCl の水溶液である塩酸は**強酸**の代表で，水中では

$$HCl \rightleftharpoons H^+ + Cl^-$$

の反応により H^+ を放出します．$0.100\,\mathrm{mol\,L^{-1}}$ の塩酸からはほぼ $0.100\,\mathrm{mol\,L^{-1}}$ の H^+ が生じるので，この水溶液中では $[H^+]_{eq}=0.100\,\mathrm{mol\,L^{-1}}$ と考えて差し支えありません．

このとき，$[OH^-]_{eq}$ の濃度は，式1から $[OH^-]_{eq}=K_w/[H^+]_{eq}=(1.00\times 10^{-14}\,\mathrm{mol^2\,L^{-2}})/(1.00\times 10^{-1}\,\mathrm{mol\,L^{-1}})=1.00\times 10^{-13}\,\mathrm{mol\,L^{-1}}$ になることがわかります．

強塩基の代表である水酸化ナトリウム NaOH は，

$$NaOH \rightleftharpoons Na^+ + OH^-$$

の反応により OH^- を放出します．NaOH も水中ではほぼ完全に解離するので，$0.100\,\mathrm{mol\,L^{-1}}$ の NaOH 水溶液中には $[OH^-]_{eq}$ が $1.00\times 10^{-1}\,\mathrm{mol\,L^{-1}}$ あると考えてよいでしょう．よって，式1より，この水溶液中の $[H^+]_{eq}$ は $1.00\times 10^{-13}\,\mathrm{mol\,L^{-1}}$ になります．

> **強酸** strong acid
>
> **強酸・強塩基の特徴**：水に溶かしたとき，ほぼ完全に解離し，溶かしたモル数にほぼ等しい H^+ を放出するものが強酸です．同じように，水に溶かしたとき，ほぼ完全に解離して OH^- を放出するものが強塩基です．
>
> **強塩基** strong base

12・3 弱酸・弱塩基の酸解離平衡

強酸や強塩基の場合は，加えた分の強酸あるいは強塩基の濃度を水溶液中の H^+ あるいは OH^- の濃度にして差し支えありません．

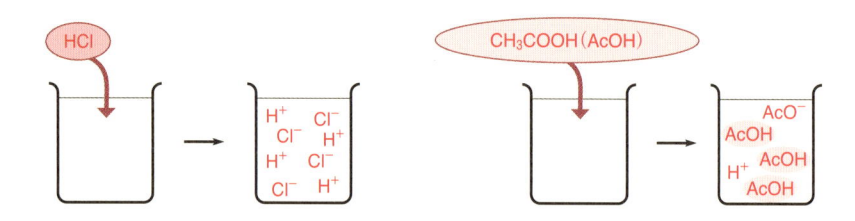

弱酸　weak acid

弱塩基　weak base

弱酸・弱塩基の特徴：水に溶かしたとき，ごく一部の分子が解離し，H^+（OH^-）を放出するものが弱酸（弱塩基）です．水に溶かしたとき，その濃度によってH^+（OH^-）を放出する割合が変わり，ごく薄い溶液ではほぼ完全に解離しますが，濃い溶液では逆にほとんど解離しません．

酸解離定数：
acid dissociation constant

K_a の正確な値：K_a の正確な値を求めるのは存外に困難です．ここで用いた酢酸の K_a は化学便覧の値ですが，理科年表では $K_a = 2.75 \times 10^{-5}$ mol L^{-1} が採用されています．

本当は…：右の取扱いでは，水の解離平衡を無視しています．水の解離平衡を無視できない場合，x についての三次方程式を解く必要があります（☞ p.54, "コラム pH の正確な計算"）．

弱酸や**弱塩基**の場合はどうなるでしょうか？　酢酸を例に取ります．

$$\underset{\text{酸形}}{CH_3COOH} \underset{}{\overset{K_a}{\rightleftharpoons}} \underset{\text{塩基形}}{H^+ + CH_3COO^-}$$

初濃度：　　　 0.100 mol L^{-1}　　　　　　0 mol L^{-1}　　　0 mol L^{-1}
平衡濃度：0.100$-x$ mol L^{-1}　　　　x mol L^{-1}　　x mol L^{-1}

酢酸は塩酸とは異なり，水に溶かしたときに，酸形の CH_3COOH の**一部のみ**が塩基形の CH_3COO^- になり H^+ を放出します．そして，H^+ を放出，つまり CH_3COO^- ができる割合を決めるのが平衡定数の一種である**酸解離定数 K_a** です．酢酸は $K_a = 1.78 \times 10^{-5}$ mol L^{-1} です．そこで，酢酸の初濃度を 0.100 mol L^{-1} として，平衡状態での CH_3COO^- と H^+ の濃度を x とすると，

$$K_a = \frac{[H^+]_{eq}[CH_3COO^-]_{eq}}{[CH_3COOOH]_{eq}} = \frac{x \cdot x}{0.100-x} = 1.78 \times 10^{-5} \text{ mol L}^{-1}$$

この式より $x^2 = 1.78 \times 10^{-5} \cdot (0.1-x)$ が得られ，$x^2 + 1.78 \times 10^{-5} \cdot x - 1.78 \times 10^{-6} = 0$ の二次方程式を解くと，$x = 2.18 \times 10^{-3}$ mol L^{-1} が得られます〔$0 < x < 0.1$（酢酸の初濃度）に注意〕．0.1 mol L^{-1} の酢酸水溶液中では，酢酸のうちわずか 2.18 % が塩基形になっているに過ぎません．これは全酢酸濃度（[CH_3COOH]＋[CH_3COO^-]）に対する塩基形濃度の比であり，**電離度**（☞ 第6章）になります．

強酸や強塩基の電離度はほぼ1と考えて差し支えありませんが，弱酸と弱塩基の電離度は酸や塩基の総濃度によって著しく変わります．

* 温度はすべて 25 ℃ とする．

確認テスト*

1. 水溶液中で，$[H^+]_{eq} = 1.00 \times 10^{-4}$ mol L^{-1} のとき，$[OH^-]_{eq}$ はいくらか．
   [1.00×10^{-10} mol L^{-1}]

2. 水溶液中で，$[H^+]_{eq} = 2.00$ mol L^{-1} のとき，$[OH^-]_{eq}$ はいくらか．
   [5.00×10^{-15} mol L^{-1}]

3. 0.010 mol L^{-1} の塩酸中に存在している H^+ と OH^- の濃度はいくらか．
   [$[H^+]_{eq} = 0.010$ mol L^{-1}，$[OH^-]_{eq} = 1.0 \times 10^{-12}$ mol L^{-1}]

4. 1.0 mol L^{-1} の硫酸水溶液中に存在している H^+ の濃度はいくらか．ただし，HSO_4^- は $K_a = 1.0 \times 10^{-2}$ mol L^{-1} の弱酸である．
   [ほぼ 1.0 mol L^{-1}；H_2SO_4 は強酸なので H^+ を1分子から1個放出．生じる HSO_4^- は弱酸なのでこの条件下では H^+ をごくわずかに放出するのみ]

5. 酢酸の初濃度が 0.0100 mol L^{-1} の水溶液中の酢酸の電離度はいくつか．
   [0.0413]

第 13 章　pH

到 達 目 標

水素イオン H^+ の水中での濃度は，$1 \sim 10^{-14}$ mol L^{-1} というとても広い範囲にわたります．これだけの範囲の値を表す際に便利なものが，水素イオン指数 pH です．pH は水溶液を取扱うときに，ずっと付き合うものですから，しっかり理解しましょう．

プレテスト

1. $[H^+]=1$ mol L^{-1} の水溶液の pH はいくらか．
2. 0.020 mol L^{-1} の塩酸の pH はおおよそいくらか．
3. $[OH^-]=0.0200$ mol L^{-1} の水溶液の室温付近での pH はいくらか．
4. pH=4 の水溶液（温度は室温）中の H^+ と OH^- の濃度はいくらか．

プレテストの答え

1. 0
2. 1.7
3. 12.3
4. $[H^+]=1\times 10^{-4}$ mol L^{-1}，$[OH^-]=1\times 10^{-10}$ mol L^{-1}

13・1　水素イオン指数 pH

水溶液中には，必ず H^+ と OH^- が存在していることを第 12 章で示しました．その量を示すのにモル濃度を使いましたが，世の中には便利な値を考えた人がいます．それが**水素イオン指数 pH** です．pH の定義は，

$$\mathrm{pH} = \log_{10} \frac{1}{[H^+]} = \log_{10}[H^+]^{-1} = -\log_{10}[H^+]$$

です．上の式を言葉で唱えると，

> pH は，水素イオン H^+ の濃度の逆数の常用対数を取ったもの

あるいは

> pH は，水素イオン H^+ の濃度の常用対数に負号を付けたもの

となります．pH は単位がない無次元量です．

13・2　酸性・塩基性水溶液の pH

pH について少し練習をしてみましょう．$[H^+]=1$ mol L^{-1} の溶液の pH は，

$$\mathrm{pH} = -\log[H^+] = -\log(1) = -\log(1\times 10^0) = 0$$

つぎに，$[H^+]=1\times 10^{-7}$ mol L^{-1} の溶液の pH は，

$$\mathrm{pH} = -\log[H^+] = -\log(1\times 10^{-7}) = -(-7) = 7$$

$[H^+]=1\times 10^{-14}$ mol L^{-1} では，

水素イオン指数　hydrogen ion exponent

pH の読み方：以前は pH のことをドイツ語式に"ペーハー"といっていました．JIS 規格では"ピーエッチ"です．

対数には単位がない：pH に限らず対数には単位がないことになっています．

酸解離平衡には瞬時に到達する：酸解離平衡では H^+ や OH^- の濃度が変わっても瞬時のうちに新たな平衡状態に達します．

常用対数：高校数学では log は自然対数 $\log_e$ を表しますが，自然科学では log と書くと常用対数 $\log_{10}$ を示す場合が多いです．ちなみに自然対数は ln（エルエヌと読む）の記号を用います．本書では，常用対数を log で表します．

酸 性　acidity
塩基性　basicity
中 性　neutrality

$$pH = -\log[H^+] = -\log(1\times 10^{-14}) = -(-14) = 14$$

[H$^+$] を pH に変換する途上で逆数にしていますから，pH が小さい方が [H$^+$] が高く，よって**酸性**が強い水溶液ということになります．逆に [H$^+$] が低く，pH が大きいと**塩基性**が強い水溶液になります．

pH の範囲：水のモル濃度より [H$^+$] や [OH$^-$] が 55.5 mol L^{-1} を越えることはありえませんし (☞ § 12・1)，どんな強酸・強塩基でも，非常に濃い水溶液中では弱酸と同じように，解離しにくくなります．したがって，pH がマイナスの値になったり 14 より大きくなることはほとんどないので，pH の取りうる範囲として，0〜14 と考えて差し支えないでしょう．ただし，ごく例外的に，0 以下や 14 以上の pH となることもあります (☞確認テスト 4)．

	強酸性		弱酸性		中性		弱塩基性		強塩基性
pH	0	2	4	6	7	8	10	12	14
[H$^+$] / mol L^{-1}	1	10^{-2}	10^{-4}	10^{-6}		10^{-8}	10^{-10}	10^{-12}	10^{-14}
[OH$^-$] / mol L^{-1}	10^{-14}	10^{-12}	10^{-10}	10^{-8}		10^{-6}	10^{-4}	10^{-2}	1
[H$^+$]×[OH$^-$] (K_w)	10^{-14}	10^{-14}	10^{-14}	10^{-14}		10^{-14}	10^{-14}	10^{-14}	10^{-14}

中性とは，[H$^+$]＝[OH$^-$] の状態のことで，25 ℃ では K_w＝1.00×10^{-14} mol^2 L^{-2} なので，[H$^+$]＝[OH$^-$]＝1.00×10^{-7} mol L^{-1}，よって pH＝7 になります．

13・3　強酸・強塩基を溶かした水溶液の pH

もう少し pH の練習をしてみましょう．0.0200 mol L^{-1} の塩酸の pH はいくらでしょうか？ 塩酸は強酸なので，0.0200 mol L^{-1} の HCl がほぼすべて H$^+$ と Cl$^-$ になると考えます．

水の中にはもともと 1×10^{-7} mol L^{-1} の H$^+$ があるはずですが，0.0200 mol L^{-1} の塩酸から生じる 0.0200 mol L^{-1} の H$^+$ に比べると，はるかに少ないので無視できます．すると [H$^+$]＝0.0200 mol L^{-1} ですから，

$$pH = -\log[H^+] = -\log(2\times 10^{-2}) = -(\log 2 + \log 10^{-2})$$
$$= -(\log 2 - 2) = 2 - \log 2 = 1.70$$

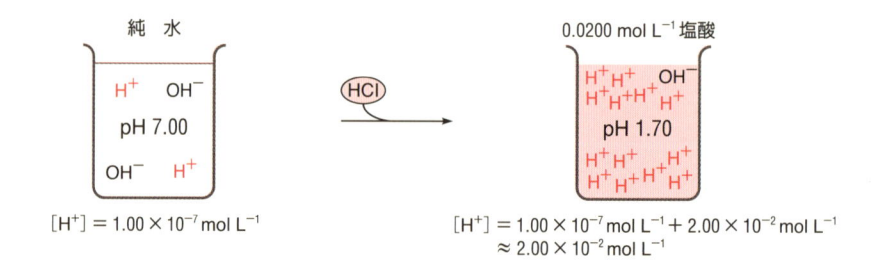

pH は対数だから…：pH が 1 違うと H$^+$ と OH$^-$ の濃度は 10 倍違います．H$^+$ と OH$^-$ の濃度が 2 倍になると pH は約 0.3，3 倍になると約 0.5 変わります．

純水
H$^+$　OH$^-$
pH 7.00
OH$^-$　H$^+$

[H$^+$] = 1.00×10^{-7} mol L^{-1}

HCl →

0.0200 mol L^{-1} 塩酸
H$^+$H$^+$　OH$^-$
H$^+$H$^+$H$^+$
H$^+$
pH 1.70
H$^+$H$^+$H$^+$H$^+$
H$^+$H$^+$H$^+$

[H$^+$] = 1.00×10^{-7} mol L^{-1} + 2.00×10^{-2} mol L^{-1}
≈ 2.00×10^{-2} mol L^{-1}

つぎに 0.0200 mol L^{-1} の水酸化ナトリウム水溶液はどうでしょう．この場合は [OH$^-$]＝0.0200 mol L^{-1} ですから，K_w＝[H$^+$][OH$^-$]＝1.00×10^{-14} mol^2 L^{-2} を使って [H$^+$]＝5.00×10^{-13} mol L^{-1} です．よって，

$$pH = -\log[H^+] = -\log(5\times 10^{-13}) = -(\log 5 + \log 10^{-13})$$
$$= 13 - \log 5 = 12.3$$

第 13 章 pH　53

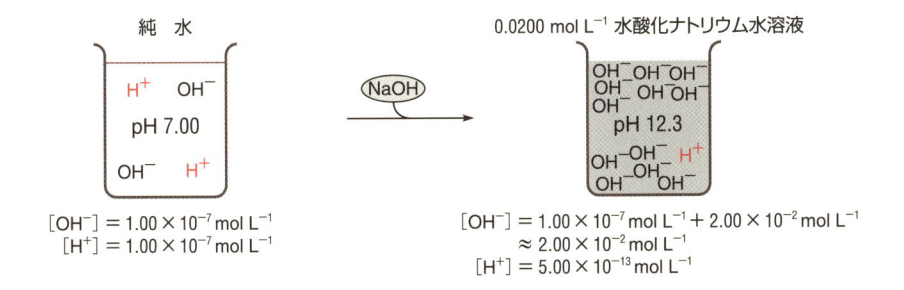

純　水　　　　　　　　　　　0.0200 mol L^{-1} 水酸化ナトリウム水溶液

[OH$^-$] = 1.00 × 10^{-7} mol L^{-1}
[H$^+$] = 1.00 × 10^{-7} mol L^{-1}

[OH$^-$] = 1.00 × 10^{-7} mol L^{-1} + 2.00 × 10^{-2} mol L^{-1}
≈ 2.00 × 10^{-2} mol L^{-1}
[H$^+$] = 5.00 × 10^{-13} mol L^{-1}

強酸あるいは強塩基を溶かした水溶液は，溶かした酸あるいは塩基の濃度が H$^+$ や OH$^-$ の濃度になると考えてよいので，おおよその pH は簡単に求められます．

13・4　pH から H$^+$ と OH$^-$ の濃度がわかる

pH は H$^+$ の濃度から求められるのですから，逆に pH がわかれば H$^+$ の濃度がわかります．H$^+$ の濃度がわかれば，水のイオン積から OH$^-$ の濃度がわかります．

$$[H^+] = 10^{-pH}$$
$$[OH^-] = \frac{K_w}{[H^+]} = \frac{10^{-14}}{10^{-pH}} = 10^{pH-14}$$

最後に，pH の "p" について，一言ふれておきます．§13・1 の pH の定義で見たように，この "p" は，つぎに続く量を "逆数にして，その常用対数を取る" という意味で化学では使われます．水のイオン積について考えてみると，

$$pK_w = \log \frac{1}{K_w} = -\log K_w = -\log(1 \times 10^{-14}) = 14$$

一方，$K_w = [H^+][OH^-]$ でしたから，

$$pK_w = \log \frac{1}{[H^+][OH^-]} = -\log([H^+][OH^-])$$
$$= -\log[H^+] - \log[OH^-] = pH + pOH = 14$$

が得られます．

p のつくほかのもの:
$pOH = \log(1/[OH^-])$
　　　$= -\log[OH^-]$
$pK_a = \log(1/K_a)$
　　　$= -\log K_a$
$pK_b = \log(1/K_b)$
　　　$= -\log K_b$

確認テスト

1. [H$^+$] = 1.0 × 10^{-3} mol L^{-1} の水溶液の pH はいくらか．　　　[3.0]
2. [H$^+$] = 2.0 × 10^{-3} mol L^{-1} の水溶液の pH はいくらか．　　　[2.7]
3. [OH$^-$] = 2.0 × 10^{-3} mol L^{-1} の水溶液の pH はいくらか．　　[11.3]
4. [H$^+$] = 1.5 mol L^{-1} の水溶液の pH はいくらか．　　　　　　　[−0.18]
5. pH = 5.3 の水溶液中に存在する H$^+$ と OH$^-$ の濃度はいくらか．
   [[H$^+$] = 5.0 × 10^{-6} mol L^{-1}, [OH$^-$] = 2.0 × 10^{-9} mol L^{-1}]
6. 温度が 40 ℃ のときの水のイオン積は K_w = 3.0 × 10^{-14} mol^2 L^{-2} である．40 ℃ の水溶液の中性の pH はいくらか．また，そのときの [OH$^-$] はいくらか．
   [6.8, 1.7 × 10^{-7} mol L^{-1}]

コラム pHの正確な計算

pHの正確な計算には,

① 酸解離定数 K_a; ② 水のイオン積 K_w; ③ 物質収支; ④ 電気的中性条件

の四つがわかっている必要があります．酢酸（CH_3COOH）と水酸化ナトリウム（NaOH）の混合溶液のpHを求めてみましょう．酢酸の K_a と水のイオン積はつぎの通りです．

$$K_a = \frac{[H^+]_{eq}[CH_3COO^-]_{eq}}{[CH_3COOH]_{eq}} \tag{1}$$

$$K_w = [H^+]_{eq}[OH^-]_{eq} \tag{2}$$

物質収支は（$_0$ は混合前の状態を表す），

$$[CH_3COOH]_0 = [CH_3COOH]_{eq} + [CH_3COO^-]_{eq} \tag{3}$$

$$[NaOH]_0 = [NaOH]_{eq} + [Na^+]_{eq} \approx [Na^+]_{eq} \tag{4}$$

となり，NaOH は Na^+ と OH^- に完全に解離するとして，式4は近似できます．

電気的中性条件とは，溶液中ではどこでも正と負の電荷の和が0であることをいう法則で，酢酸と水酸化ナトリウムを溶かした水溶液中では，陽イオンは Na^+ と H^+，陰イオンは CH_3COO^-，OH^- なので，

$$[Na^+]_{eq} + [H^+]_{eq} = [CH_3COO^-]_{eq} + [OH^-]_{eq} \tag{5}$$

式4から得られる $[Na^+]_{eq}=[NaOH]_0$，式2から得られる $[OH^-]_{eq}=K_w/[H^+]_{eq}$ を式5に代入します．式3から得られる $[CH_3COOH]_{eq}=[CH_3COOH]_0-[CH_3COO^-]_{eq}$ を式1に代入し整理すると，$[CH_3COO^-]_{eq}=K_a[CH_3COOH]_0/(K_a+[H^+]_{eq})$ が得られるので，式5に代入します．そして，整理するとつぎの $[H^+]_{eq}$ についての三次方程式が得られます．

$$[H^+]_{eq}^3 + (K_a+[NaOH]_0)[H^+]_{eq}^2 + (K_a[NaOH]_0 - K_a[CH_3COOH]_0 - K_w)[H^+]_{eq} - K_aK_w = 0 \tag{6}$$

K_a も K_w も調べればわかる定数なので，$[H^+]_{eq}$ を求めることができます．ちょっとしたプログラミングで Excel 上で計算させることが可能で，こうして求めたのが §15·3 の滴定曲線です．なお，中和反応に伴う体積の微少な変化は無視しています．

H_3PO_4 のような多塩基酸の場合も，まったく同じ手続きで pH を計算することができます．ただし，式6に相当する式が $[H^+]$ についての四次方程式（二塩基酸の場合），五次方程式（三塩基酸の場合）になります．

第14章 中和反応

到達目標 酸の水溶液に塩基を加えていくと，水のイオン積 $K_w = 1 \times 10^{-14}\,\text{mol}^2\,\text{L}^{-2}$（室温付近で）を保つように，$H^+$ と OH^- の濃度が変化していきます．この反応が中和反応です．

プレテスト
1. 中和反応の反応式を書きなさい．
2. 塩酸と水酸化ナトリウム水溶液との中和反応の生成物は何か．
3. 1 mol の硫酸を完全に中和するとき，必要な水酸化ナトリウムのモル数はいくらか．

プレテストの答え
1. $H^+ + OH^- \rightleftharpoons H_2O$
2. 水，Na^+，Cl^-
3. 2 mol

14・1 中和反応は $H^+ + OH^- \rightleftharpoons H_2O$ である

水の解離反応

$$H_2O \rightleftharpoons H^+ + OH^- \qquad (1)$$

で，右側から左側に行く反応，つまり H^+ と OH^- から H_2O ができる反応が**中和反応**です．言葉でいうと，

> 1 mol の水素イオンが 1 mol の水酸化物イオンと反応して 1 mol の水になる

あるいは，当量（☞§4・3）を使い，

> 水素イオンが 1 当量（1 倍 mol）の水酸化物イオンと反応して水になる

のが中和反応です．

中 和 neutralization

中和反応の盲点："HCl と NaOH から NaCl ができる反応"は塩の形成です．中和反応は，あくまでも H^+ と OH^- から H_2O ができる反応です．ただし，塩の形成と中和は深くかかわりあっているので，"塩酸と水酸化ナトリウムの中和反応"のようにいいます．

14・2 塩酸と水酸化ナトリウムの中和反応

強酸である塩酸と強塩基である水酸化ナトリウムは，水中ではどちらも完全に解離して，それぞれ H^+ と OH^- を多量に放出します．しかし，水は H^+ と OH^- を際限なく溶かしておくことはできません．その限界が $K_w = [H^+][OH^-] = 1 \times 10^{-14}\,\text{mol}^2\,\text{L}^{-2}$ です（室温付近）．この限界を越えた $[H^+]$ と $[OH^-]$ は H_2O になります．

$0.2\,\text{mol L}^{-1}$ の塩酸と $0.2\,\text{mol L}^{-1}$ の水酸化ナトリウム水溶液を 0.5 L ずつ混合することを考えます．混合に伴う体積変化は無視すると，溶液全体の体積は 1 L であり，ここに $0.5\,\text{L} \times 0.2\,\text{mol L}^{-1} = 0.1\,\text{mol}$ の H^+ と OH^- が存在している計算になりますから，$[H^+] = [OH^-] = 0.1\,\text{mol L}^{-1}$ となり，中和反応が起こる前では $[H^+][OH^-] = 1 \times 10^{-2}\,\text{mol}^2\,\text{L}^{-2} \gg 1 \times 10^{-14}\,\text{mol}^2\,\text{L}^{-2} = K_w$ です．したがって，式1の反応が右から左に $[H^+][OH^-] = 1 \times 10^{-14}\,\text{mol}^2\,\text{L}^{-2}$ になるまで

K_w は平衡定数だから：§10・4 で，K の値は温度と圧力が一定なら決まった値となる，と説明しました．このことは，温度と圧力が変われば K の値が変わることを意味しています．平衡定数の一つの K_w も例外ではなく，$1.00 \times 10^{-14}\,\text{mol}^2\,\text{L}^{-2}$ になるのは 25℃（正確には 24℃）のときで，37℃ では $2.5 \times 10^{-14}\,\text{mol}^2\,\text{L}^{-2}$ になります．

進行し，0.1 mol L^{-1}の水を生成します．

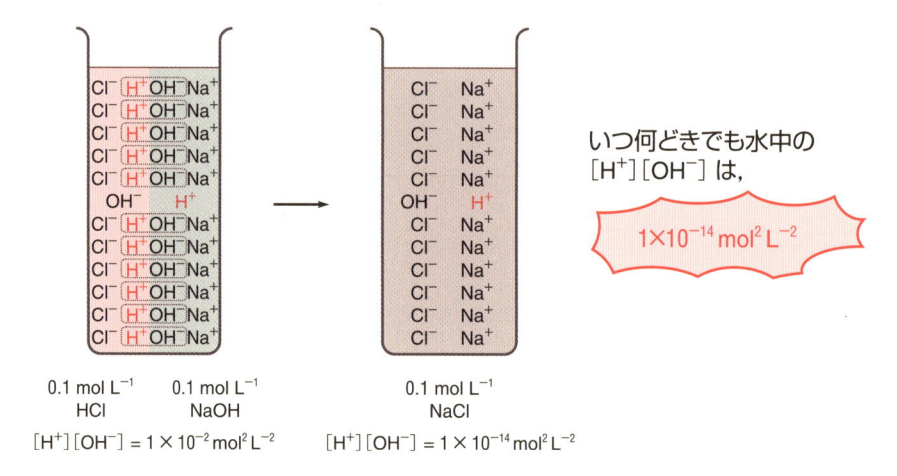

0.1 mol L^{-1} HCl　0.1 mol L^{-1} NaOH
$[H^+][OH^-] = 1 \times 10^{-2}$ mol^2 L^{-2}

0.1 mol L^{-1} NaCl
$[H^+][OH^-] = 1 \times 10^{-14}$ mol^2 L^{-2}

いつ何どきでも水中の$[H^+][OH^-]$は，
1×10^{-14} mol^2 L^{-2}

反応式で書くと，この水中では式1のほかに式2と式3の反応があり，

$$HCl \rightleftharpoons H^+ + Cl^- \tag{2}$$
$$NaOH \rightleftharpoons Na^+ + OH^- \tag{3}$$

この式1～3を組合わせた

$$HCl + NaOH \rightleftharpoons Na^+ + Cl^- + H_2O$$

が起こっていることになります．水とともに生成するのはNa^+とCl^-であり，これは塩化ナトリウム NaCl を水に溶かした状態と同じです．中和反応で水のほかに生成するのが塩です．多くの塩は水の中では NaCl と同様に解離していますが，中には水にほとんど溶けない塩もあります．

14・3 他の中和反応も同じ

酢酸とアンモニアの中和反応を見てみましょう．

$$CH_3COOH \rightleftharpoons H^+ + CH_3COO^- \tag{4}$$
$$NH_3 + H_2O \rightleftharpoons NH_4^+ + OH^- \tag{5}$$

酢酸は弱酸，アンモニアは弱塩基なので，式4と式5の平衡は著しく左に偏っています．ところが，中和反応が起こるとH^+とOH^-が式1の反応により水になります．そのため，式4と式5は，式1に従って水が生じるたびに右側への反応が進行することになります．式4，式5，式1をあわせると，酢酸とアンモニアの中和反応が表せます．

$$CH_3COOH + NH_3 + H_2O \rightleftharpoons NH_4^+ + CH_3COO^- + H_2O$$

この反応では水を1分子消費し，水を1分子生成するので，反応式は簡略化されて，

$$CH_3COOH + NH_3 \rightleftharpoons NH_4^+ + CH_3COO^-$$

になります．

> 水に溶けない塩：AgCl，AgBr，BaSO$_4$ などの塩が水に溶けません（☞§14・4）．塩が水に溶ける，溶けないは一概にはわかりません．高等学校の教科書に載っていることでも，なぜそうなるのかがわかっていないことがたくさんあります．

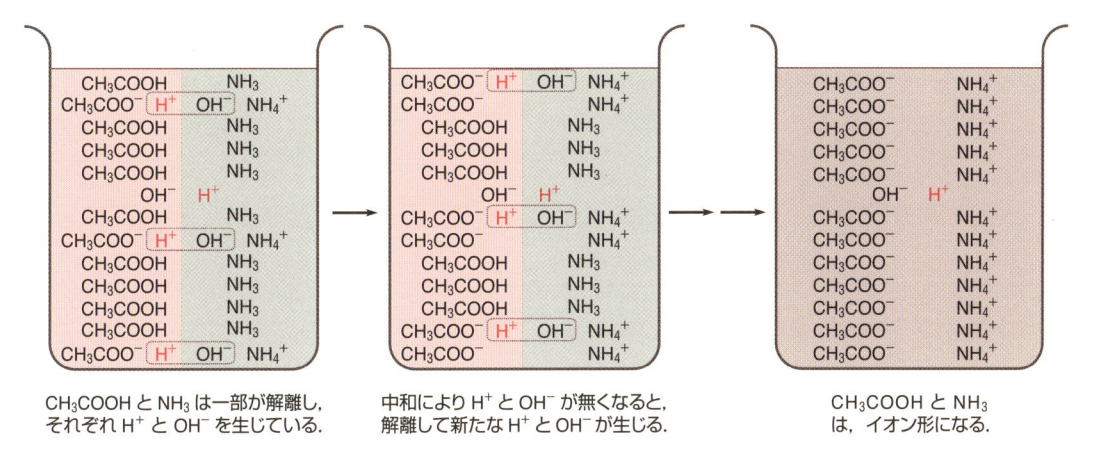

CH₃COOH と NH₃ は一部が解離し，それぞれ H⁺ と OH⁻ を生じている．

中和により H⁺ と OH⁻ が無くなると，解離して新たな H⁺ と OH⁻ が生じる．

CH₃COOH と NH₃ は，イオン形になる．

14・4 多価の酸と塩基の中和反応

塩酸と水酸化ナトリウム，および酢酸とアンモニアの組合わせは，いずれも 1：1 のモル比で中和反応が進行します．酸として硫酸 H_2SO_4 を使った場合を考えましょう．硫酸は

$$H_2SO_4 \rightleftharpoons H^+ + HSO_4^- \tag{6}$$
$$HSO_4^- \rightleftharpoons H^+ + SO_4^{2-} \tag{7}$$

と，2 段階で H⁺ を放出します．硫酸のように，1 分子で 2 個の H⁺ を放出できる酸のことを二塩基酸（2 価の酸）といいます．HCl は 1 分子で 1 個の H⁺ を放出できるので一塩基酸（1 価の酸）となります．

H_2SO_4 は強酸なので，式 6 により水中ではほぼ完全に H⁺ と HSO_4^- に解離しています．したがって，硫酸の水溶液に水酸化ナトリウムを加えていくと，まず式 1 の反応が進行し，H_2SO_4 に対して 1 当量の NaOH が加えられた時点で，水溶液中の H_2SO_4 は HSO_4^- になります．しかし，HSO_4^- は強酸ではないので，式 7 の反応の生成物の SO_4^{2-} はほとんど存在しません．SO_4^{2-} が生成するにはさらに水酸化ナトリウムを加える必要があります．H_2SO_4 に対して 2 当量の NaOH が加えられた時点で，水溶液中には SO_4^{2-} と Na⁺（と，わずかな H⁺ と OH⁻）のみが存在することになります．

硫酸を完全に中和するには 2 当量の水酸化ナトリウムが必要ですが，二酸塩基（2 価の塩基）である水酸化バリウム $Ba(OH)_2$ なら 1 mol で 2 mol の OH⁻ を放出できるので，H_2SO_4 の中和には $Ba(OH)_2$ は 1 当量必要です．

$$H_2SO_4 + Ba(OH)_2 \rightleftharpoons BaSO_4 + 2H_2O$$

Ba^{2+} と SO_4^{2-} は水に溶けない塩を形成するので，ここでは $Ba^{2+}+SO_4^{2-}$ ではなく，$BaSO_4$ と表しました．

硫酸は強酸であり弱酸である：高等学校では硫酸は代表的な 2 価の強酸として扱われますが，実際には 1 段階目の酸解離平衡は強酸として扱えますが，2 段階目の酸解離平衡は $pK_a=2$ なので，弱酸になります（☞ 第 12 章）．

もう一度，当量：第 4 章で扱った当量が，この章より再び登場します．当量は便利な用語ですが，対象となる物質と量を明確にしておかないといけません．ここではモル当量の意味で使っています．H_2SO_4 を中和するためには，2 倍 mol の NaOH が必要です．これを H_2SO_4 の中和には 2 当量の NaOH が必要，といいます．当量は分析化学の講義で出てきますので，今のうちに慣れておきましょう．

確認テスト

1. $1\,\mathrm{mol\,L^{-1}}$ の酸と塩基を溶解させた水溶液中では $[\mathrm{H^+}]$ と $[\mathrm{OH^-}]$ の関係はどうなっているか. [$[\mathrm{H^+}][\mathrm{OH^-}]=1\times10^{-14}\,\mathrm{mol^2\,L^{-2}}$ を保つ]
2. 塩酸とアンモニアの間の中和反応の反応式を書きなさい. [$\mathrm{HCl+NH_3 \rightleftarrows NH_4^+ + Cl^-}$]
3. リン酸（$\mathrm{H_3PO_4}$）に1当量の水酸化ナトリウムを加えた場合の反応式を書きなさい. [$\mathrm{H_3PO_4+NaOH \rightleftarrows H_2O+Na^+ + H_2PO_4^-}$]
4. リン酸に2当量の水酸化ナトリウムを加えた場合の反応式を書きなさい. [$\mathrm{H_3PO_4+2\,NaOH \rightleftarrows 2\,H_2O+2\,Na^+ + HPO_4^{2-}}$]
5. 炭酸ナトリウム（$\mathrm{Na_2CO_3}$）に1当量の塩酸を加えたときの中和反応式を書きなさい. [$\mathrm{Na_2CO_3+HCl \rightleftarrows 2\,Na^+ + Cl^- + HCO_3^-}$]

第15章 中和滴定と滴定曲線

到達目標 pHを測定しながら酸の水溶液に塩基を少しずつ加えていくと，pHがほとんど変化しない領域とpHが劇的に変化する領域の存在がわかります．このとき水溶液中で起こっていることを理解できるようになりましょう．

プレテスト

1. $0.10\ \text{mol L}^{-1}$ の塩酸 100 mL に $1.00\ \text{mol L}^{-1}$ 水酸化ナトリウム水溶液を 1.00 mL 加えたときの水中の H^+ と OH^- の濃度はいくらか．またこの水溶液の pH はいくらか．
2. $0.10\ \text{mol L}^{-1}$ の塩酸 100 mL に $1.00\ \text{mol L}^{-1}$ 水酸化ナトリウム水溶液を 9.00 mL 加えたときの水中の H^+ と OH^- の濃度はいくらか．またこの水溶液の pH はいくらか．
3. $0.10\ \text{mol L}^{-1}$ の塩酸 100 mL に $1.00\ \text{mol L}^{-1}$ 水酸化ナトリウム水溶液を 10.0 mL 加えたときの水中の H^+ と OH^- の濃度はいくらか．またこの水溶液の pH はいくらか．

プレテストの答え

1. $[H^+]=8.91\times10^{-2}\ \text{mol L}^{-1}$, $[OH^-]=1.12\times10^{-13}\ \text{mol L}^{-1}$, pH=1.05
2. $[H^+]=9.17\times10^{-3}\ \text{mol L}^{-1}$, $[OH^-]=1.09\times10^{-12}\ \text{mol L}^{-1}$, pH=2.04
3. $[H^+]=1.00\times10^{-7}\ \text{mol L}^{-1}$, $[OH^-]=1.00\times10^{-7}\ \text{mol L}^{-1}$, pH=7.00

15・1 酸に少しずつ塩基を加えていくと…：酸性領域

一定量の酸があるとして，そこに塩基を少しずつ加えていったとき，溶液にはどのような変化が起こるでしょうか？

$0.100\ \text{mol L}^{-1}$ の塩酸（pH 1）100 mL に $1.00\ \text{mol L}^{-1}$ の水酸化ナトリウム水溶液を 1.00 mL ずつ加えて行くとします．$1.00\ \text{mol L}^{-1}$ の水酸化ナトリウム水溶液 1.00 mL には $1.00\ \text{mol L}^{-1}\times0.00100\ \text{L}=0.00100\ \text{mol}$ の OH^- がありますから，この水酸化ナトリウム水溶液 1.00 mL を，$0.100\ \text{mol L}^{-1}$ の塩酸 100 mL に加えたときは 0.00100 mol の H^+ が OH^- によって中和されて水になります．この溶液の体積は 100 mL＋1.00 mL＝101 mL になっています．以上の情報をもとに，溶液中の化学種の濃度と pH を求めてみましょう．

計算式は，

$$[H^+] = \frac{(\text{もともとあった}H^+\text{のモル数} - \text{中和された}H^+\text{のモル数})}{\text{体積}}$$

$$pH = -\log[H^+]$$

でとりあえず求められます．ついでに $[OH^-]$ も求めておきましょう．

pH の正確な値を計算するには…：$1.0\times10^{-8}\ \text{mol L}^{-1}$ の塩酸の pH はいくらでしょうか？ 答えは 6.98 です．pH の正確な計算には

① 酸解離定数(弱酸・弱塩基の場合)
② 水のイオン積
③ 物質収支
④ 電気的中性条件

を使って求めます．塩酸と水酸化ナトリウムの中和反応の場合は，強酸と強塩基なので，①は不要ですが，

② $[OH^-]=K_w/[H^+]$
③ $[Cl^-]=[HCl]_0$
　$[Na^+]=[NaOH]_0$
　($_0$は混合前の状態)
④ $[H^+]+[Na^+]=$
　　$[Cl^-]+[OH^-]$

を使い計算します．我こそは，という人はチャレンジしてみてください（☞ p. 54, "コラム pH の正確な計算"）．

NaOH 水溶液の添加体積〔mL〕	中和された H^+〔mol〕	体積〔L〕	$[H^+]$〔$mol\ L^{-1}$〕	$[OH^-]$〔$mol\ L^{-1}$〕	pH
0	0	0.100	1.00×10^{-1}	1.00×10^{-13}	1.00
1.00	0.00100	0.101	8.91×10^{-2}	1.12×10^{-13}	1.05
2.00	0.00200	0.102	7.84×10^{-2}	1.28×10^{-13}	1.11
3.00	0.00300	0.103	6.80×10^{-2}	1.47×10^{-13}	1.17
4.00	0.00400	0.104	5.77×10^{-2}	1.73×10^{-13}	1.24
5.00	0.00500	0.105	4.76×10^{-2}	2.10×10^{-13}	1.32
6.00	0.00600	0.106	3.77×10^{-2}	2.65×10^{-13}	1.42
7.00	0.00700	0.107	2.80×10^{-2}	3.57×10^{-13}	1.55
8.00	0.00800	0.108	1.85×10^{-2}	5.40×10^{-13}	1.73
9.00	0.00900	0.109	9.17×10^{-3}	1.09×10^{-12}	2.04
10.0	0.0100	0.110	1.00×10^{-7}	1.00×10^{-7}	7.00

　水酸化ナトリウム水溶液を 9.00 mL 加えたところで pH ははじめの状態より約 1 上昇しました．ところが，つぎの 1.00 mL を加えたとき，もともとの H^+ がすべて中和されてしまい，計算上では $[H^+]=0$ になってしまいます．

15・2　酸に少しずつ塩基を加えていくと…：中性付近

　$[H^+]$ が 0 になってしまったのは，塩酸由来の H^+ 0.0100 mol が加えられた水酸化ナトリウム由来の 0.0100 mol の OH^- で中和されたからです．酸由来の H^+ の物質量と加えられた塩基由来の OH^- の物質量が等しくなる点が**当量点**です．

　当量点の pH はどうなるのでしょうか．水はいつ何どきでも $[H^+]\times[OH^-]=10^{-14}\ mol^2\ L^{-2}$ の状態を保っていることを思い出しましょう．水には自己解離分の H^+ が必ず存在しています．よって，この時点では $[H^+]=1\times10^{-7}\ mol\ L^{-1}$ であり，pH は 7.00 となります．

　9 mL 加え終わったところまででは pH はわずかに 1 しか変化しなかったのに，つぎの 1 mL を加えた瞬間に pH は 5 もジャンプアップしています．

　完全に中和された溶液にさらに水酸化ナトリウムを加えたときの pH の変化は皆さんで計算してみてください（☞ 確認テスト 1）．

　答えをかいつまんでいうと，当量点に達した水溶液に $1.00\ mol\ L^{-1}$ の水酸化ナトリウム水溶液をさらに 1.00 mL 加えると，その pH は 12.0 になります．pH は当量点の 7 から再び 5 もジャンプアップします．しかし，その後は水酸化ナトリウム水溶液を加えても，pH はほとんど変化しなくなります．

15・3　強酸の強塩基による滴定曲線

　中和される $0.100\ mol\ L^{-1}$ の塩酸の pH を縦軸に，加えた $1.00\ mol\ L^{-1}$ の水酸化ナトリウムの量（物質量，体積，あるいは濃度）を横軸にとってグラフにしたものが酸塩基平衡の**滴定曲線**です．前ページで作成した表と図を対応させてみてください．当量点付近で pH が大きく変化しています．当量点での pH は 7 です．

当量点 equivalence point：化学反応で，反応物がすべて消費されつくすところが当量点です．ここで述べている中和反応では中和点ともいいます．

当量点の pH：当量点の pH が 7 になるのは，強酸と強塩基の組合わせのときだけです．弱酸と強塩基，強塩基と弱酸，弱酸と弱塩基の場合には当量点の pH は 7 になりません．酢酸とアンモニアの中和反応の当量点の pH は 7 近辺になりますが，これは偶然の産物です．

滴定曲線 titration curve

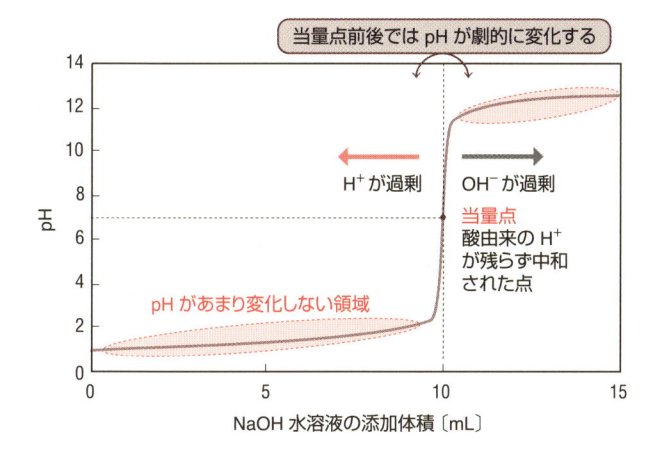

一塩基強酸は水に溶けたとき，もっている H^+ をほぼすべて H_2O に渡し H_3O^+ にします．この H_3O^+ が塩基により中和されるので，一塩基強酸の滴定曲線は酸の種類によらず同じ形になります．

§16・1 の"弱酸の滴定曲線"で，塩基の添加によって pH があまり変わらない領域があることを示しますが，強酸でも上図からわかるように pH が 2 までの領域，および，12 以上の領域では pH があまり変化していません．これは水の酸解離平衡によるものです．

確認テスト*

* 水のイオン積は $1.00 \times 10^{-14}\,mol^2\,L^{-2}$ とする．

1. $0.100\,mol\,L^{-1}$ の塩酸 100 mL に，$1.00\,mol\,L^{-1}$ の水酸化ナトリウム水溶液を 1.00 mL ずつ 20.0 mL まで加えたときの水溶液の $[H^+]$，$[OH^-]$ と pH を求め，表にまとめなさい．
2. $1.00 \times 10^{-2}\,mol\,L^{-1}$ の水酸化ナトリウム水溶液 100 mL に $1.00 \times 10^{-1}\,mol\,L^{-1}$ の塩酸を 1.00 mL ずつ計 15.0 mL まで加えた．このときの pH の変化を方眼紙の縦軸に，加えた塩酸の体積を横軸に取り，プロットして滴定曲線を描きなさい．
3. $1.00 \times 10^{-1}\,mol\,L^{-1}$ の塩酸 100 mL に $5.00\,mol\,L^{-1}$ の水酸化ナトリウム水溶液を 0.200 mL ずつ 4.00 mL まで加えた．このときの pH の変化を方眼紙の縦軸に，加えた水酸化ナトリウムの体積を横軸に取り，プロットして滴定曲線を描きなさい．
4. 3 の滴定の当量点における pH と，当量点までに必要な水酸化ナトリウム水溶液の体積はいくらか． 　　　　　　　　　　　　　　　　　[pH は 7.00，体積は 2.00 mL]

第16章 弱酸の酸塩基平衡

到達目標 一塩基強酸の強塩基よる滴定曲線は酸の種類に無関係で，同じ形になりますが，弱酸の場合は，酸の種類によって滴定曲線の形が異なります．この滴定曲線の形の違いの意味を把握しましょう．

プレテスト
1. $0.100\ \mathrm{mol\ L^{-1}}$ の酢酸水溶液 100 mL を完全に中和するのに必要な $1.00\ \mathrm{mol\ L^{-1}}$ 水酸化ナトリウム水溶液の体積はいくらか．
2. プレテスト 1 で必要な体積の半分の水酸化ナトリウム水溶液を加えた時点の pH はいくらか．ただし，酢酸の酸解離定数は $1.78 \times 10^{-5}\ \mathrm{mol\ L^{-1}}$ とする．
3. プレテスト 1 で中和が完全に終わった時点の pH は 7 でよいか．

プレテストの答え
1. 10.0 mL
2. 4.75
3. 違う（中和点の pH は 8.85）

16・1 弱酸の滴定曲線

中和反応は H^+ と OH^- の反応であり，強酸と強塩基の中和過程は前章で見たので，本章では弱酸と強塩基の中和について考えてみます．

塩酸とともに中和反応で必ず出てくる例が酢酸です．酢酸は，

$$CH_3COOH \underset{}{\overset{K_a}{\rightleftharpoons}} H^+ + CH_3COO^-$$

の酸解離平衡によって，H^+ を放出するので酸ですが，水に溶かしたときに H^+ と CH_3COO^- に解離する割合（電離度）は酢酸の総濃度によって変わるので弱酸です（☞第 12 章）．つぎの図は $0.100\ \mathrm{mol\ L^{-1}}$ の酸 100 mL を $1.00\ \mathrm{mol\ L^{-1}}$ の水酸化ナトリウム水溶液で中和滴定したシミュレーション結果です．酢酸のほかに，硫酸水素イオン，ホウ酸，塩酸の滴定曲線を示しました．

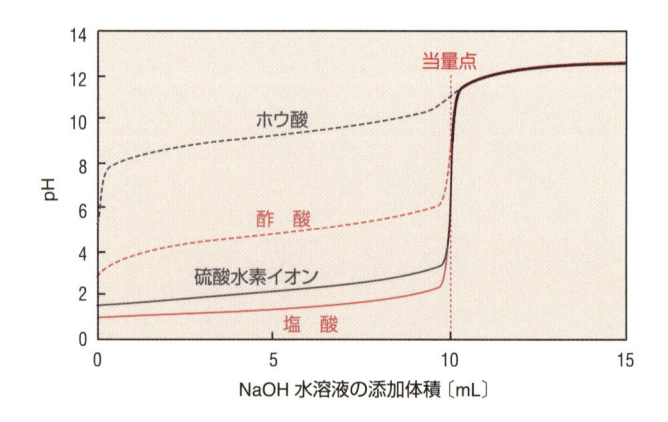

強酸と弱酸(1)：塩酸中には，

$$HCl \rightleftharpoons H^+ + Cl^-$$
$$H_2O + H^+ \rightleftharpoons H_3O^+$$

の二つの平衡があります．Cl^- が H^+ を捕まえておく能力よりも H_2O が H^+ を捕まえておく能力が高いので，H^+ は HCl として蓄えられるのではなく，H_3O^+ になります．これが強酸です．酢酸の場合，CH_3COO^- が H_2O よりも H^+ を捕まえておく能力が高いので，水中でも CH_3COOH が多量に存在しています．

HSO_4^- と $B(OH)_3$ の酸解離平衡と酸解離定数：
$HSO_4^- \rightleftharpoons H^+ + SO_4^{2-}$
$K_a = 1.02 \times 10^{-2}\ \mathrm{mol\ L^{-1}}$

$B(OH)_3 + H_2O \rightleftharpoons$
$\quad H^+ + B(OH)_4^-$
$K_a = 5.75 \times 10^{-10}\ \mathrm{mol\ L^{-1}}$

ホウ酸は pH 8（OH^- がある程度多くなってきている状態）でもほとんどが $B(OH)_3$ になっているきわめて弱い酸です．

これらの滴定曲線から，つぎのことがわかります．

> どの酸も当量点（NaOH 水溶液の添加体積で 10.0 mL の点）は同じ．
> 当量点までの pH は酸の種類によって異なる．
> 当量点以降の pH は酸の種類によらず同じ．

酢酸が水に溶けると，そのごく一部が H^+ を放出しイオン形になりますが，大部分の H^+ は分子形酢酸として蓄えられています．いわば，分子形酢酸は H^+ の"貯蔵庫"になっています．

分子形（イオン形）酢酸の濃度：強酸性のとき，酢酸はほとんどが分子形になっていて，イオン形はほとんどありません．しかし，イオン形も完全に 0 になるわけではありません．強塩基性のときの分子形も完全に 0 にはなりません．

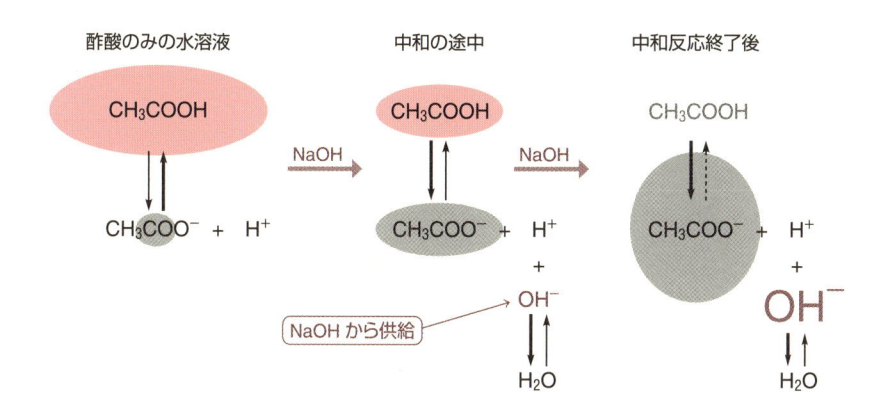

水酸化ナトリウムが添加されると，それ由来の OH^- によって H^+ が消費されるので，"貯蔵庫"である分子形酢酸から H^+ が放出され，分子形酢酸が無くなるまで続きます．分子形酢酸がほぼ無くなるところが中和点（当量点）です．ただし，勝手気ままに H^+ や CH_3COOH の濃度が変化するのではなく，**必ず K_w と K_a が決まった値に保たれるように，化学種の濃度が変化します．**

酢酸，硫酸水素イオン，ホウ酸はいずれも一塩基酸であり，放出できる H^+ の量は同じなので，当量点までに必要な塩基の量は同じになります．H^+ の放出には"スイッチ"が必要ですが，その"スイッチ"の性能の違い（＝K_a の違い）が弱酸の滴定曲線の形の違いを決めています．

強酸と弱酸(2)：
$$H_3O^+ \rightleftharpoons H_2O + H^+$$
の酸解離定数は $1\,mol\,L^{-1}$ ($pK_a=0$) です．この値よりも小さい pK_a 値をもつものが強酸，大きい pK_a 値をもつものが弱酸です．

16・2 弱酸と強塩基の中和過程の pH 変化

酢酸の酸解離定数は次式で与えられます．この式を変形して，酢酸水溶液の pH と酢酸の総濃度の関係を調べましょう．

$$K_a = \frac{[H^+]_{eq}\,[CH_3COO^-]_{eq}}{[CH_3COOH]_{eq}}$$

調べたいのは pH なので，$[H^+]_{eq}$ とそれ以外の項に分け，pH を意識して $1/[H^+]_{eq}$ をつくります．

$$\frac{1}{[H^+]_{eq}} = \frac{1}{K_a}\frac{[CH_3COO^-]_{eq}}{[CH_3COOH]_{eq}}$$

両辺の常用対数をとります．

式の変形は対象を明確に：右の平衡式は酢酸の水中での挙動をすべて表す式です．pH を求める場合には，pH は $[H^+]$ と同じ意味がありますから，$[H^+]$ にねらいを定めて変形していきます．

$$\log \frac{1}{[\mathrm{H^+}]_\mathrm{eq}} = \log\left(\frac{1}{K_\mathrm{a}} \frac{[\mathrm{CH_3COO^-}]_\mathrm{eq}}{[\mathrm{CH_3COOH}]_\mathrm{eq}}\right) = \log \frac{1}{K_\mathrm{a}} + \log \frac{[\mathrm{CH_3COO^-}]_\mathrm{eq}}{[\mathrm{CH_3COOH}]_\mathrm{eq}}$$

pHの"p"は,"後に続く値を逆数にし対数をとりなさい"という意味ですから,

$$\mathrm{pH} = \mathrm{p}K_\mathrm{a} + \log \frac{[\mathrm{CH_3COO^-}]_\mathrm{eq}}{[\mathrm{CH_3COOH}]_\mathrm{eq}} \tag{1}$$

となります.この式を言葉でいってみましょう.

> pHは,酸解離定数K_aの逆数の対数($\mathrm{p}K_\mathrm{a}$,酸解離指数)を基準として,分子形(CH$_3$COOH)とイオン形(CH$_3$COO$^-$)の平衡濃度の比によって変化する.

式1で,弱酸(弱塩基)の水溶液のpHがわかります.

さらに酢酸の総濃度[CH$_3$COOH]$_\mathrm{t}$は分子形酢酸とイオン形酢酸の濃度の和ですから,次式のような変形ができ

$$[\mathrm{CH_3COOH}]_\mathrm{eq} = [\mathrm{CH_3COOH}]_\mathrm{t} - [\mathrm{CH_3COO^-}]_\mathrm{eq}$$

これと電離度α(☞第12章)を使い,式1を整理すると,

電離度と塩基形分率:ここでは電離度αを使って説明していますが,正確には,電離度ではなく,塩基形の分率(☞第6章)になります.

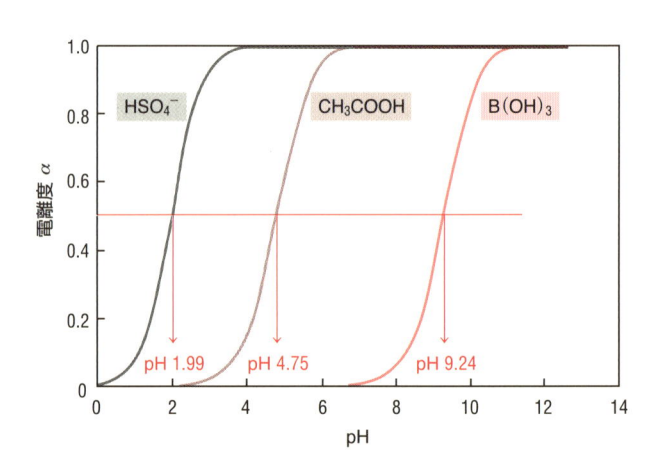

$$\mathrm{pH} = \mathrm{p}K_\mathrm{a} + \log \frac{\alpha}{1-\alpha} \quad \text{あるいは} \quad \alpha = \frac{10^{\mathrm{pH}-\mathrm{p}K_\mathrm{a}}}{1+10^{\mathrm{pH}-\mathrm{p}K_\mathrm{a}}} \tag{2}$$

式2をプロットしたのが酸解離平衡曲線です.酢酸($\mathrm{p}K_\mathrm{a}=4.75$)のほか,硫酸水素イオン($\mathrm{p}K_\mathrm{a}=1.99$),ホウ酸($\mathrm{p}K_\mathrm{a}=9.24$)の計算結果を示します.

この図より,酢酸は水中で,

> pH=$\mathrm{p}K_\mathrm{a}$で電離度が0.5(酸形と塩基形のモル比が1:1)
> pH<$\mathrm{p}K_\mathrm{a}$−2(2.75以下)では,ほとんどが酸形酢酸CH$_3$COOH
> pH>$\mathrm{p}K_\mathrm{a}$+2(6.75以上)では,ほとんどが塩基形酢酸CH$_3$COO$^-$

同じことが硫酸水素イオンとホウ酸にもいえます.$\mathrm{p}K_\mathrm{a}$の違いは,これらの平衡曲線の形を変えることはなく,単に平行移動させているだけです.

確認テスト

1. 酢酸（pK_a＝4.75）水溶液の pH が 3.75 のときの CH_3COOH と CH_3COO^- のモル比はいくらか． ［$CH_3COOH：CH_3COO^-$＝10：1］
2. ホウ酸（pK_a＝9.24）水溶液の pH が 8.94 のときの $B(OH)_3$ と $B(OH)_4^-$ のモル比はいくらか． ［$[B(OH)_3]：[B(OH)_4^-]$＝2：1］
3. 酢酸（pK_a＝4.75）水溶液に水酸化ナトリウムを加えていき，CH_3COOH と CH_3COO^- のモル比が 1：4 になったときの pH はいくらか． ［5.35］
4. 硫酸水溶液で，H_2SO_4 に対して 1 当量の水酸化ナトリウムを加えたのち，さらに水酸化ナトリウムを 0.5 当量加えたときの pH はおよそいくらか． ［およそ 2］

第17章 酸塩基指示薬

到達目標 酸を塩基で中和していく過程はpHを測定すればわかりますが，酸塩基指示薬を使うとビジュアルにわかります．指示薬自身が酸解離平衡を示し，酸形と塩基形で異なる分子構造になるために色が変わる性質を利用しています．

プレテスト
1. メチルオレンジの変色域はpHが2.5（赤色）〜4.5（黄色）であり，フェノールフタレインの変色域はpHが8（無色）〜10（赤）である．水酸化ナトリウム水溶液を塩酸で中和滴定する場合，どちらを使えばよいか．
2. 酢酸を水酸化ナトリウムで中和滴定する場合，メチルオレンジとフェノールフタレインのどちらを指示薬として使えばよいか．

プレテストの答え
1. メチルオレンジ
2. フェノールフタレイン

17・1 色が変わって合図するpH指示薬

pH指示薬 pH indicator

酸塩基指示薬 acid-base indicator

色が付くのは，物質が光を吸収するから(1)：物質はその物質ごとに決まった波長の光を吸収します．無色に見える物質（水など）は，目に見えない紫外線を吸収しています．一方，色のある物質は，目に見える可視光線を吸収します．このとき，紫の光を吸収すると，私たちの目には黄色（補色とよびます）に見えます．

色が付くのは，物質が光を吸収するから(2)：可視光線は紫外線よりも長い波長をもちます．長い波長の光を吸収する物質は，多くの場合，直線状に伸びた共役二重結合（単結合と二重結合の繰返し）を分子内にもっています．

水溶液のpHはガラス電極を装着したpHメーターという専用の装置で測定できますが，**pH指示薬**（酸塩基指示薬）を使えば，その水溶液が酸性なのか，塩基性なのかがビジュアルに色の違いでわかります．

pH指示薬としての能力をもつ化学種は，すべてが弱酸あるいは弱塩基であり，それらの共役酸（☞第11章）のpK_a値を中心としたpHで分子の構造が変わります．

酸形メチルオレンジ（MOH$^+$），赤色　⇌ [OH$^-$]/[H$^+$] ⇌　塩基形メチルオレンジ（MO），黄色

酸形フェノールフタレイン（PP），無色　⇌ [OH$^-$]/[H$^+$] ⇌　塩基形フェノールフタレイン（PP^{2-}），赤紅色

17・2 溶液の色は酸形と塩基形の割合で決まる

酸形メチルオレンジMOH$^+$と酸形フェノールフタレインPPのpK_aはそれぞ

れ 3.46, 9.7 とわかっているので，いろいろな pH における MOH^+ と MO，PP と PP^{2-} の割合は，第 16 章で行ったように計算することができます．

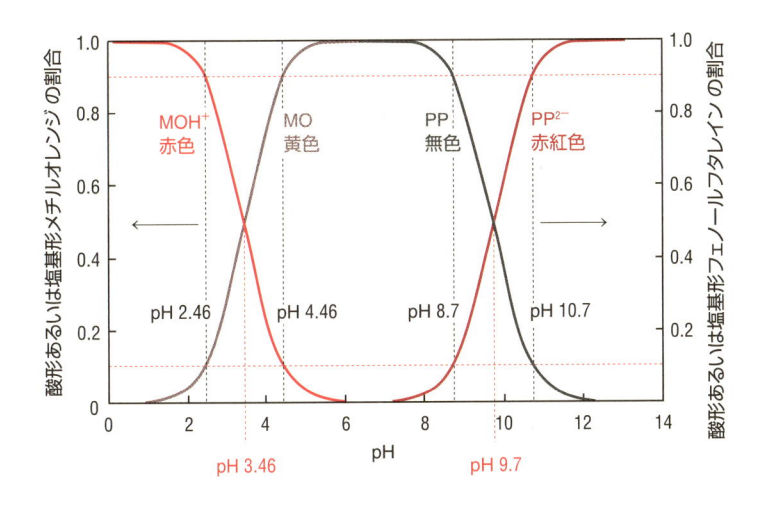

上図より，pH と溶液の示す色について以下のことがわかります．

メチルオレンジが溶けている水溶液では：
  pH が 2.46 以下 MOH^+ が 90 % 以上 赤色
  pH が 2.46〜4.46 MOH^+ と MO が共存 橙色（赤＋黄）
  pH が 4.46 以上   MO が 90 % 以上   黄色

フェノールフタレインが溶けている水溶液では：
  pH が 8.7 以下   PP が 90 % 以上   ほぼ無色
  pH が 8.7〜10.7 PP と PP^{2-} が共存 うすい赤紅色
  pH が 10.7 以上 PP^{2-} が 90 % 以上 赤紅色

このように，MO も PP も自身の pK_a を境に構造の異なる MOH^+ や PP^{2-} になるため，水溶液の色が変わります．

そして，§16・2 で登場した弱酸と pH との関係式 1 からつぎの結果が得られます．

> pH が pK_a の +2 では酸形（塩基形）の割合が 1 %（99 %）
>   −2 では酸形（塩基形）の割合が 99 %（1 %）
> pH が pK_a の +1 では酸形（塩基形）の割合が 9 %（91 %）
>   −1 では酸形（塩基形）の割合が 91 %（9 %）

少量のメチルオレンジを含む $0.1\ mol\ L^{-1}$ の塩酸を $0.1\ mol\ L^{-1}$ の水酸化ナトリウム水溶液で中和する場合，水溶液ははじめは赤色を呈していますが，しだいに橙色を経て黄色になりますし，メチルオレンジの代わりにフェノールフタレインを用いれば，無色から赤紅色になります．ただし，メチルオレンジでは中和がちょうど終わる pH 7 よりも低い pH で色が変わるので，この場合の中和反応の指示薬としては不適切です．逆に $0.1\ mol\ L^{-1}$ の水酸化ナトリウム水溶液を $0.1\ mol\ L^{-1}$ の塩酸で中和する場合は，フェノールフタレインの色の変化は pH 7 以

指示薬の選択：第 16 章で示したように，中和反応では中和点前後で大きな pH 変化が起こります．この pH 変化を追跡できる指示薬を使えば，中和点がわかります．中和点の pH を pH_N とすると，$pH_N \approx pK_a$ の指示薬を使えば，かなり正確に中和点を知ることができます．逆に $pH_N \gg pK_a$，$pH_N \ll pK_a$ の指示薬では，正確な中和点を知ることが困難です．酢酸を水酸化ナトリウム水溶液で中和する場合，メチルオレンジは不適切でフェノールフタレインを使う必要があることを確認してください．

上で赤から無色になるので，不適切になります．

17・3　酸塩基平衡だけではない

§17・2の最後で得た結果は酸塩基平衡に限らず，1:1のモル比で進行するすべての平衡反応で成立します．くすりの多くは，体の中で，タンパク質でできているレセプターに結合して複合体になることで効果を発揮します．

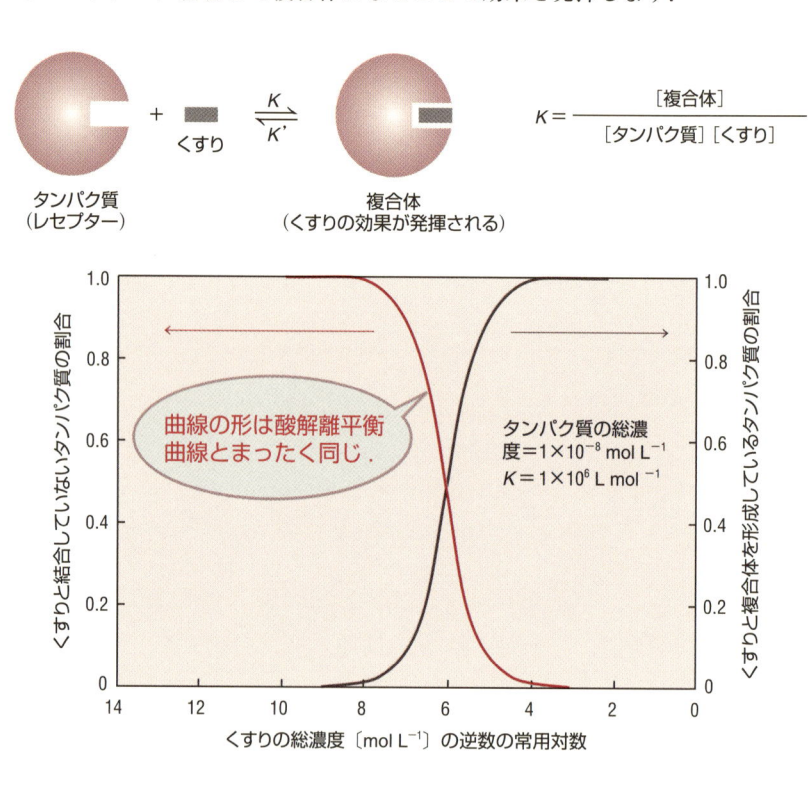

$$K = \frac{[複合体]}{[タンパク質][くすり]}$$

タンパク質（レセプター） + くすり $\underset{K'}{\overset{K}{\rightleftharpoons}}$ 複合体（くすりの効果が発揮される）

曲線の形は酸解離平衡曲線とまったく同じ．

タンパク質の総濃度＝1×10^{-8} mol L^{-1}，$K = 1\times10^{6}$ L mol^{-1}

（グラフ：横軸　くすりの総濃度〔mol L^{-1}〕の逆数の常用対数，左縦軸　くすりと結合していないタンパク質の割合，右縦軸　くすりと複合体を形成しているタンパク質の割合）

この反応で，複合体のできやすさを表すのが平衡定数（結合定数）Kです．一定濃度のタンパク質に対して，くすりの総濃度を変えると，酸解離曲線と同じような**薬物結合曲線（用量作用曲線）**が描けます．

上の図は，タンパク質の総濃度（結合していないタンパク質と複合体を形成しているタンパク質の濃度の和）を 1×10^{-8} mol L^{-1}，複合体の安定性を示す結合定数の値を 1×10^{6} L mol^{-1} としたときのシミュレーション結果です．酸解離平衡曲線の横軸が pH（H$^+$ 濃度の逆数の常用対数）なので，薬物結合曲線では，くすりの濃度の逆数の常用対数を横軸にとり，比較しやすくしました．

この図より，くすりの濃度が10倍あるいは1/10（横軸の値がそれぞれ右，左に1だけ変わる）になったときに，その効果が著しく違ってくる領域があることがわかります．また，"タンパク質の半分がくすりと複合体をつくったときに，くすりが効果を発揮する" と仮定すれば，このくすりが効果を発揮するには 10^{-6} mol L^{-1} 以上の総濃度が必要なことがわかります．

実際のくすりとレセプターの関係はもう少し複雑ですが，基本は酸解離平衡とまったく同じです．

解離定数と結合定数：解離定数と結合定数は互いに逆数の関係にあります．タンパク質（レセプター）とくすりから複合体ができる反応の逆反応は，複合体がタンパク質とくすりに解離する反応ですから，

$$K' = \frac{[タンパク質][くすり]}{[複合体]}$$

となります．したがって，$K = 1/K'$ です．

確認テスト

1. 少量のメチルオレンジを含む水溶液があり，赤色を呈している．この水溶液のpHはどのくらいか． ［およそ 2.5 以下の酸性］

2. 少量のフェノールフタレインを含む水溶液があり，赤色を呈している．この水溶液のpHはどのくらいか． ［およそ 9 以上の塩基性］

3. Mg^{2+} はエチレンジアミン四酢酸（EDTA）およびエリオクロムブラック T（EBT）と錯体 EDTA・Mg^{2+} および EBT・Mg^{2+} を形成する．形成される錯体の安定性は EDTA・Mg^{2+} の方が安定である．EDTA および EDTA・Mg^{2+} は無色であるが EBT が EBT・Mg^{2+} になると，青色から赤色になる．EBT を少量含む Mg^{2+} 水溶液に EDTA を少しずつ加えると，水溶液の色はどのように変化すると考えられるか． ［赤色→青色になる］

第Ⅲ部
酸化と還元

第 18 章　電子が移動する反応＝酸化還元反応

到達目標　陽子（H^+）の授受が酸塩基反応なら，原子を構成するもう一つの主役の電子の授受が行われるのが酸化還元反応です．酸化反応と還元反応は表裏一体の関係にあり，酸化反応の逆反応が還元反応です．

プレテスト
1. 酸化反応とはどのような反応か．
2. 還元反応とはどのような反応か．
3. イオン化傾向とは何か．

プレテストの答え
1. 電子を失う反応
2. 電子を受け取る反応
3. 金属単体が酸化されやすい順に元素を並べたもの．

18・1　酸化と還元

　酸塩基反応は，H^+，すなわち陽子（プロトン）のやりとりをする反応でした．原子を構成するもう一つの主役，電子 e^- のやりとりをする反応が**酸化還元反応**です．

　酸化と**還元**が大活躍する場が電池です．最近話題の燃料電池は，

$$H_2(g) + \frac{1}{2}O_2(g) \rightleftharpoons H_2O(liq) \tag{1}$$

の反応で電気を取出すシステムで，この反応では H_2 が酸化されて水になり，O_2 は還元されて H_2O になっています．

　それでは酸化とは何でしょうか？　一言でいえば，酸化とは電子を失う反応のことです．逆に還元反応とは電子を受け取る反応のことです．

　式 1 の反応は H_2 と O_2 の反応に分けることができます．

$$H_2 \rightleftharpoons 2H^+ + 2e^- \tag{2}$$

$$H_2O \rightleftharpoons \frac{1}{2}O_2 + 2e^- + 2H^+ \tag{3}$$

　式 2 と式 3 の反応式が右に進行すると，電子が放出されます．酸化反応とは電子を失う反応ですから，まさにこの反応が酸化反応です．一方，式 2 と式 3 が左に進行すれば，電子を獲得します．これが還元反応です．

　酸化と還元は表裏一体で，$\longrightarrow$ が酸化反応であれば，$\longleftarrow$ は還元反応です．H_2 と O_2 から水ができる場合，式 2 の反応が右向き，式 3 の反応が左向きに進行することになります．

酸化還元反応　oxidation-reduction reaction, redox reaction

酸化　oxidation

還元　reduction

水素の燃焼と燃料電池：式 1 の反応は水素の燃焼反応です．この反応を急速に行うと，熱が 286 kJ（H_2 1 mol 当たり）発生するだけです．これに対し，この反応を非常にゆっくり行うと，発生する熱は 49 kJ だけで，残りの 237 kJ は電気エネルギーとして取出すことができます．これが燃料電池の原理です．

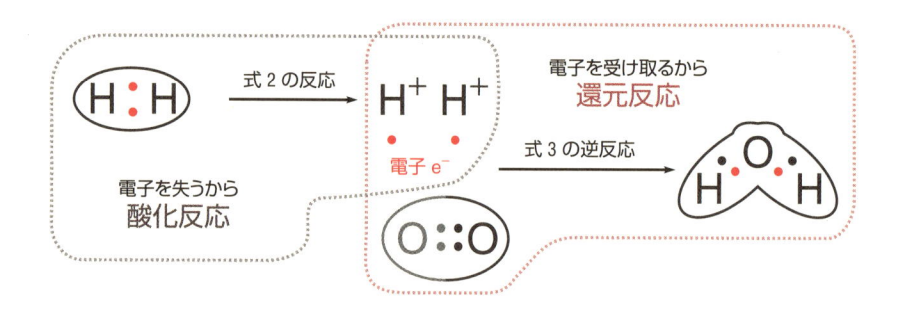

18・2 イオン化傾向と標準電位

イオン化傾向 ionization tendency

　イオン化傾向とは，金属単体を，その電子の失いやすさの順に並べたもので，酸化反応が進行しやすい順に元素を並べたものになります．金属イオンの還元反応が進行しにくい順に元素を並べたもの，ともいえます．

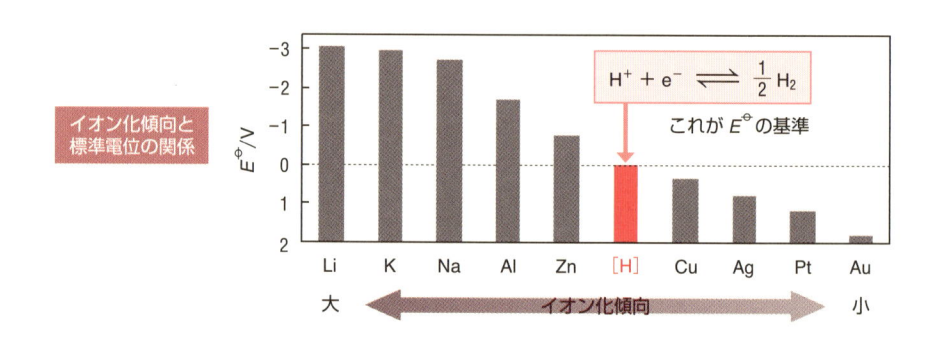

半電池反応 half-cell reaction
電極反応 electrode reaction

　カリウム K はイオン化傾向ではじめの方に出てくる金属です．K は電子を失い，カリウムイオン K^+ になります．電子が直接，登場する反応式を**半電池反応（電極反応）**といい，半電池反応は還元反応を主として考えるので，K^+ と K の間の反応はつぎのように書きます．

$$K^+ + e^- \rightleftharpoons K \tag{4}$$

エネルギーとは？：エネルギーとは仕事をする能力のことです．能力なので，使う，使わないは自由です．

　この反応を右に進行させ，K^+ を還元して K にするには，K^+ に電子を与える必要がありますが，K^+ は原子になりにくいイオンなので電子に大きなエネルギーを与える必要があります．逆に式4が左に進行するときに発生する電子は大きなエネルギーをもつことになります．

プラスとマイナスの電位：電気の源は電子なので，マイナスの電位はそこに電子がいっぱいあることを意味します．逆に電子が少ないとプラスの電位になります．

　電子はマイナスの電荷をもつ粒子なので，マイナスの電気とは反発し，プラスの電気に引きつけられます．したがって，電子にマイナスの電圧（電位）を掛けると，電子はプラス側に勢いよく運動します．つまり，大きなマイナスの電位を掛けられた電子が K^+ を還元できることになりますし，K^+ から飛び出した電子は大きなエネルギーをもつことになります．

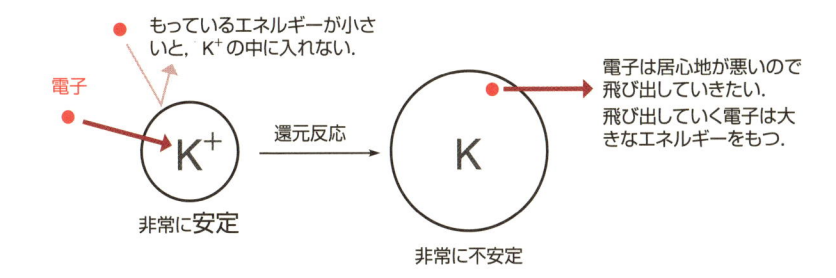

K^+ を還元するために -2.93 V の電圧を電子に与えたとき，式4の反応が平衡状態になり，酸化反応（左向き）と還元反応（右向き）が同じだけ起こる状態になります．半電池反応で，反応式の両側の化学種の濃度を $1\,\mathrm{mol\,L^{-1}}$ にしたとき，半電池反応を平衡状態に保つために必要な電圧が **標準電極電位（標準電位，標準酸化還元電位ともよびます）**です．記号では $E^\ominus$ で表します．この $E^\ominus$ を低いものから高いものへ（マイナスの大きいものから順に）金属元素を並べたものがイオン化傾向です．

イオン化傾向の最後に出てくるのは金 Au です．Au の半電池反応は，

$$\mathrm{Au^+ + e^- \rightleftharpoons Au} \tag{5}$$

で $E^\ominus = +1.83$ V です．したがって，この反応の電子は $+1.83$ V に相当するエネルギーをもちます．この電子はもっているエネルギーが小さいので，K^+ を還元することはほぼ不可能です．

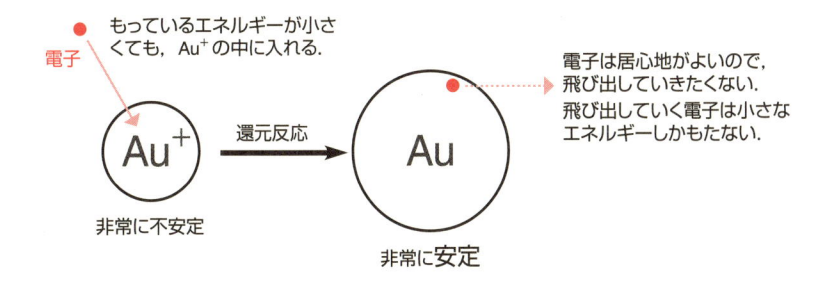

18・3 標準電位の基準

§18・2で K と K^+ による半電池反応の標準電位が -2.93 V，Au と Au^+ の半電池反応の標準電位が $+1.83$ V であることを紹介しました．この－と＋にはどのような意味があるのでしょうか？

正負の符号の意味はただ一つ——式2を書き換えた式6の反応に現れる電子のもつエネルギーよりも大きなエネルギーをもつか否かです．

$$2\mathrm{H^+ + 2\,e^- \rightleftharpoons H_2} \tag{6}$$

あるいは

$$\mathrm{H^+ + e^- \rightleftharpoons \tfrac{1}{2}H_2}$$

標準電極電位 normal electrode potential, standard electrode potential

標準電位 standard potential

標準酸化還元電位 standard redox potential

標準状態 standard state：標準酸化還元電位の"標準"とは，標準状態を表しています．標準状態とは，実はとても難しいものです．p.95，"コラム 標準状態"を見てください．

おもな半電池反応の $E^\ominus$：
- $\mathrm{Li^+/Li}$ -3.05 V
- $\mathrm{K^+/K}$ -2.93 V
- $\mathrm{Na^+/Na}$ -2.71 V
- $\mathrm{Al^{3+}/Al}$ -1.68 V
- $\mathrm{Zn^{2+}/Zn}$ -0.763 V
- $\mathrm{H^+/H_2}$ 0 V
- $\mathrm{Cu^{2+}/Cu}$ $+0.337$ V
- $\mathrm{Ag^+/Ag}$ $+0.799$ V
- $\mathrm{Pt^{2+}/Pt}$ $+1.19$ V
- $\mathrm{Au^+/Au}$ $+1.83$ V

これらの値は理科年表（2010年版）のもので，ほかの資料では多少異なる値になっている場合があります．

金属ばかりのイオン化傾向の中に，鬼っ子のように水素が途中に入っているのは，これが標準電位の基準になっているためで，上の反応を平衡状態に保つために加える電位が0Vです．すなわち，上の反応の電子のもつエネルギーに相当する電位を私たちが勝手に0Vとしたのです．

コラム 酸化還元電位

酸化還元反応は電子が移動する反応です．電子はマイナスの電荷をもつ粒子なので，プラスの電気に引き寄せられ，マイナスの電気とは反発します．電気のご本尊は電子そのものなので，プラスの電気とは，電子が少ない状態，マイナスの電気とは電子がいっぱいある状態のことでもあります．

原子の中の電子は，プラスの電荷の塊である原子核と引き合い束縛されています．しかし，原子核から遠くにある電子は，原子核による束縛が弱いので，何かの拍子に原子から飛び出ていきます．

電子が原子から飛び出していくのは，とても大雑把にいうと，原子核と引き合う力が外から引き寄せられる力に負けるときです．原子核と引き合う力は原子ごとに違いますし，同じ原子でも違う分子に属していれば当然違う大きさになります．そして，原子核と引き合う力と外から引き寄せられる力が同じときが平衡状態です．

つまり，標準電位とは，電子移動が平衡状態になるときに，外から引き寄せられる力を表す数値になります．

$$Zn^+ + 2e^- \rightleftharpoons Zn \qquad E^\circ = -0.763\,V$$

この反応では，Zn^{2+} が $2e^-$ を捕まえる力と Zn から $2e^-$ を引きはがす力とを同じにするには，外から $-0.763\,V$ の電位を与える必要があることを物語っています．

電子はマイナスの電荷をもつ粒子ですから，外の電位のプラスが大きい（電子が少ない）なら，勢いよく外に向かって飛び出していこうとします．しかし，Zn の場合は原子核からの束縛はあまり強くないので電位がマイナスの $-0.763\,V$ であっても飛び出して行きます．

下図のように酸化還元反応では，外から与える電位でその平衡状態を変えることができます．Zn の半電池反応で $+0.100\,V$ の電位にしたとします．$-0.763\,V$ では電子移動が平衡ですが，外の電位が $+0.100\,V$ になれば事情がかわります．電子は原子核からの束縛から逃れ，Zn^{2+} がいっぱいできるようになります．逆に外の電位が $-1.50\,V$ になれば外からの電子によって Zn ができるようになります．

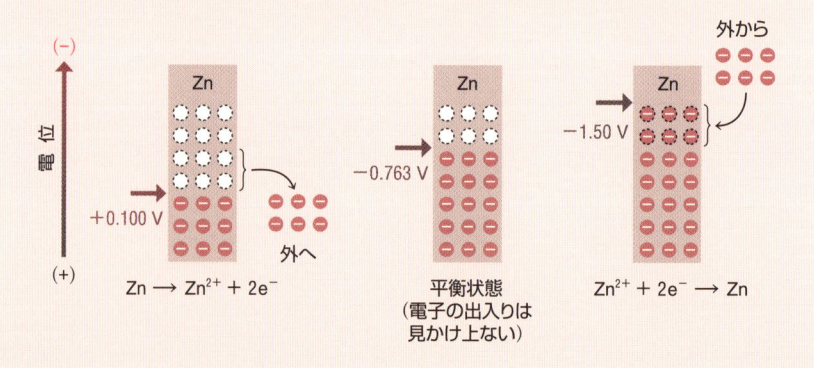

勝手に決めた基準を0Vにしていますから，K^+/K と Au^+/Au の $E^⦵}$ の－と＋には大きな意味はないことを理解してください．単に，K^+ と Au^+ が H^+ より還元されにくいか還元されやすいか，という目安程度の意味しかありません．しかし，その<u>差</u>はとても重要になります（すぐ下でわかります）．

18・4　化学電池と起電力

半電池反応を組合わせると（二つの酸化還元反応を組合わせると）**電池**ができ　　電池　cell

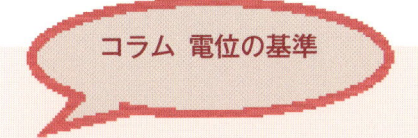

> **コラム　電位の基準**

$$2H^+ + 2e^- \rightleftharpoons H_2 \qquad E^⦵} = 0\,V \qquad (1)$$

の反応の標準電位 $E^⦵}$ が0Vであることを§18・3で紹介しました．これは"私たちが勝手に決めた基準"です．

　高さを表すのに標高を使います．その基準は，日本では東京湾の平均海面であり，そこの標高を0mとして表しています．二つの山があり，どちらがより高い山であるかは，それぞれの山の標高を調べればすぐにわかります．基準がきちんとしているからです．そして，この標高の基準は私たちが勝手に決めたものです（大阪湾や伊勢湾の平均海面でもいいわけですし，富士山の頂上を基準にしたら，日本中のどこもマイナスの標高になりますね）．

　標準電位の基準もこの程度のものです．昔の人が，

$$Zn^{2+} + 2e^- \rightleftharpoons Zn \qquad E^⦵} = -0.763\,V \qquad (2)$$

を基準にしよう，と言っていたら，式1の反応の標準電位は+0.763Vになっていたところです．また，半電池反応で最も標準電位が低い

$$Li^+ + e^- \rightleftharpoons Li \qquad E^⦵} = -3.045\,V \qquad (3)$$

を基準にしていれば，式1の反応では $E^⦵}=+3.045\,V$，式2の反応では $E^⦵}=+2.282\,V$ と，すべての半電池反応の標準電極電位は正の値になっていたはずです．

　しかし，どの基準を使っても，$E^⦵}$ の差である標準起電力は変わりません．式1と式2を組合わせた電池を考えてみましょう．

式1を<u>基準</u>にした場合

標準起電力 ＝（$E^⦵}$ が高い半電池反応の $E^⦵}$）－（$E^⦵}$ が低い半電池反応の $E^⦵}$）
　　　　　＝ 0V－(－0.763V) ＝ 0.763V

式2を<u>基準</u>にした場合

標準起電力 ＝ +0.763V － 0V ＝ 0.763V

式3を<u>基準</u>にした場合

標準起電力 ＝ +3.045V － 2.282V ＝ 0.763V

と，すべて同じになります．標準電極電位の0Vは単なる目安であり，特別な意味はないことを理解してください．

側注	本文
レドックス対，酸化還元対：半電池を構成する酸化種と還元種（☞§20・4）の対をレドックス対，酸化還元対といい，K^+/K や Au^+/Au のように表すことがあります．	

ます．式4と式5を組合わせてみましょう．K^+/K の半電池反応と Au^+/Au の半電池反応の $E^⦵}$ を比べると，Au^+/Au の方が高い $E^⦵$ を示すので，K^+ と Au^+ では Au^+ の方が断然還元されやすいことがわかります．よって，この二つの半電池を組合わせた電池では，電子は K から発生し，Au^+ を還元することになります．

$E^⦵$ の値は反応の進行方向に無関係：$E^⦵$ の値は，その半電池反応を平衡状態に保つために必要な，外から加える電位なので，酸化反応を正反応としても，$E^⦵$ の値としては変わりません．酸化反応を正反応とする場合には，$-E^⦵$ とします．

そこで，式4を電子が発生するように書き換えた式4′と，式5とを下のように組合わせ，足してみます．

$$K \rightleftarrows K^+ + e^- \qquad -E^⦵(K^+/K) = -(-2.93\,\text{V}) \qquad (4')$$

$$Au^+ + e^- \rightleftarrows Au \qquad E^⦵(Au^+/Au) = +1.83\,\text{V} \qquad (5)$$

$$K + Au^+ \rightleftarrows K^+ + Au \qquad E^⦵ = -E^⦵(K^+/K) + E^⦵(Au^+/Au) \qquad (7)$$
$$= 2.93\,\text{V} + 1.83\,\text{V}$$
$$= 4.76\,\text{V}$$

式4から式4′への変換に伴い，$E^⦵$ に逆向きにしたことを示す "−" を付けます．そして，式7が正味の電池反応で，K から発生して Au^+ を還元しようとする電子は $E^⦵$ の差 $+1.83-(-2.93)=4.76\,\text{V}$ に相当するエネルギーをもっています．これが**標準起電力**です．記号は $E^⦵$ を流用します．電子はこのエネルギーを使ってモーターを回したり，電球を明るくしたりする仕事ができます．

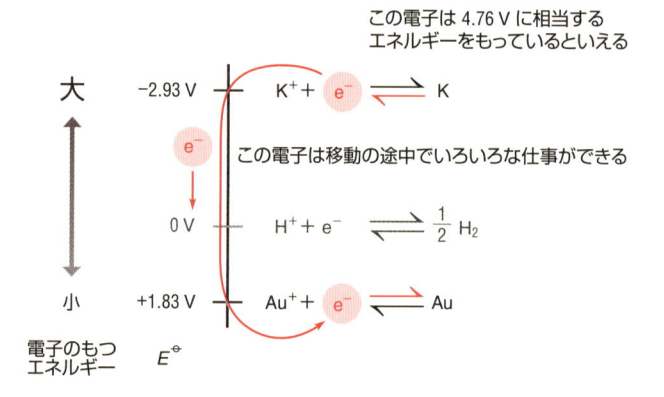

標準起電力 standard electromotive force

標準起電力とエネルギーの関係：標準起電力は，"電子を取去る力" に相当します．これに電子が移動する数を掛けると，エネルギーになります．

```
                この電子は 4.76 V に相当する
                エネルギーをもっているといえる

  大   −2.93 V ─┤ K⁺ + e⁻  ⇄  K
        ↑              ↓
        │         e⁻  この電子は移動の途中でいろいろな仕事ができる
        │              ↓
       0 V   ─┤ H⁺ + e⁻  ⇄  ½ H₂
        │
        ↓
  小   +1.83 V ─┤ Au⁺ + e⁻  ⇄  Au

  電子のもつ
  エネルギー         E^⦵
```

K と Au の電池は作製できる電池ではありません．しかし，酸化と還元の理屈さえ知っていれば，頭の中では適当な半電池反応二つを組合わせて好きな電池をつくることができます．

確認テスト

1. $Na^+ + e^- \rightarrow Na$ の反応は酸化反応か，還元反応か． [還元反応]
2. $Na \rightarrow Na^+ + e^-$ の反応は酸化反応か，還元反応か． [酸化反応]
3. $Zn \rightarrow Zn^{2+} + 2e^-$ の反応は酸化反応か，還元反応か． [酸化反応]
4. 標準電極電位 $E^⦵$ の高い半電池反応と低い半電池反応では，どちらが酸化反応が進行しやすいか． [低い半電池反応]
5. 標準電極電位 $E^⦵$ の高い半電池反応と低い半電池反応で生じる電子は，どちらが他の物質を還元する能力が大きいか． [低い半電池反応]

第19章　酸化数

到達目標　酸化還元反応の主役である電子は，同時に複数個が反応物から生成物に移動することがあります．同時に移動する電子の数がわからないと反応式を書き表すことができません．そこで，この電子の数を把握するために酸化数が登場します．

プレテスト
1. O_2 分子の中の O 原子，CO_2 分子の中の C 原子，CH_4 分子の中の C 原子の酸化数はいくつか．
2. 酸化数が増えている原子は酸化されているか，還元されているか．
3. 酸化数の変化が +1 の原子と +8 の原子では，どちらが酸化，あるいは還元されやすいか．

プレテストの答え
1. 順に 0，+Ⅳ，−Ⅳ
2. 酸化されている．
3. 酸化数の変化の大小からはわからない．

19・1　酸化数とは

§18・1 で示した酸化還元反応のうち，式3の O_2 と H_2O の間の半電池反応では電子が二つ登場していますが，他の半電池反応で登場する電子は一つです．このことは，酸化還元反応では複数の電子が同時に移動することがあることを示しています．半電池反応にかかわる電子の数を知るために，**酸化数**が考えられました．

酸化数は化合物中の原子が電子過剰な状態にあるのか，電子不足の状態にあるのかを説明することもできます．本章では，酸化数を使いながらその意味を把握していきましょう．

酸化数　oxidation number

なぜ複数の電子が同時に移動するのか？：電子が1個移動した化学種（中間体）が反応物よりも酸化（還元）されやすければ，中間体は生成するそばからすぐに酸化（還元）されます．Zn を例にとると，

$$Zn \rightarrow Zn^+ + e^-$$
$$Zn^+ \rightarrow Zn^{2+} + e^-$$

Zn^+ は Zn よりも e^- を放出しやすいので，すぐに Zn^{2+} になり，2個の電子が移動したことになります．

19・2　酸化数を決定するためのルール

酸化数の決め方にはルールがあります．

1. 単体中の原子の酸化数は 0
2. 単原子イオンの酸化数は**イオンの電荷の符号と価数に一致**
3. 化合物中の酸素原子の酸化数は −Ⅱ
   例外：過酸化物（H_2O_2 など）の酸素の酸化数は −Ⅰ
4. 化合物中の水素原子の酸化数は +Ⅰ
   例外：金属水素化物（NaH など）の水素の酸化数は −Ⅰ
5. 電荷をもたない化合物を構成する**各原子の酸化数の総和は 0**
6. **多原子イオン**では，それを構成する**各原子の酸化数の総和はイオンの電荷の符号と価数に一致**

これらルールの根拠は化学の理解に役立つので少しふれておきます．

酸化数の表し方：酸化数は，ふつうは −8（−Ⅷ）から +8（+Ⅷ）までの整数の値です．酸化数であることを強調するために，括弧内のように，ローマ数字で表すのが一般的です．

19・3 結合内の電子の偏り＝分極

原子は電気的に中性です．原子同士が結合した分子も電気的に中性です．しかし，共有結合を形づくっている二つの電子は，**電気陰性度**の大小関係によって，どちらかの原子により近い位置に見いだされる確率が高くなります．

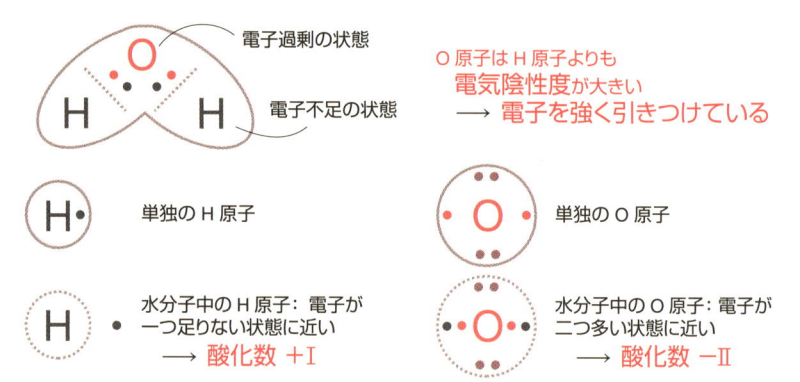

電気陰性度
electronegativity

電気陰性度の意義：電気陰性度は共有結合を形成している2原子で，どちらの原子が電子対を引き付けているかを見積もるための数値です．電気陰性度が大きい原子が，より強く電子を引き付けている，と考えます．有機化学の理解には不可欠なものです．

おもな元素の電気陰性度：以下は L. Pauling により提唱された値です．

H 2.20　C 2.55
N 3.04　O 3.44
Na 0.93　Cl 3.16
K 0.82　Br 2.96

分　極　polarizaiton

分極と極性：大きく分極している状態を極性が高い，あまり分極していない状態を極性が低い，といいます．

上の図のように，電子が不足している原子には，電子一つにつき +I の酸化数を与え，逆に電子が過剰な原子には，電子一つにつき，−I の酸化数を与えます．O 原子は電気陰性度が大きく，かつ二つの共有結合を形成するので，−II の酸化数をもつことが多くなります．

電気陰性度の違いによって共有結合内で電子の偏りが生じている状態を**分極**している，といいます．同じ原子から成る分子（H_2，O_2 など）は分極していませんから，含まれる原子の酸化数は 0 になります（ルール 1）．

§19・2 で例外とした過酸化水素（H−O−O−H）中の O 原子の酸化数（−I）も，ここまでの説明で理解できるはずです（☞ 確認テスト 5）．

19・4 いろいろな化学種の中の原子の酸化数

種々の化学種の中の原子やイオンの酸化数をルールに従い求めてみましょう．

N_2，C，S，Ar，Fe などの単体（分子，希ガス，金属）……0（ルール 1）
Na^+，Mg^{2+}，Fe^{3+}，Sn^{4+} などの n 価の単原子陽イオン …… $+n$（ルール 2）
F^-，Cl^-，Br^- などの 1 価の単原子陰イオン …… −I（ルール 2）
SO_4^{2-} の S 原子 …… +VI（ルール 3 と 6）
H_2S の S 原子 …… −II（ルール 4 と 5）
CH_4 の C 原子 …… −IV（ルール 4 と 5）
CO_2 の C 原子 …… +IV（ルール 3 と 5）

SO_4^{2-} と H_2S の S 原子や CH_4 と CO_2 の C 原子のように，異なる酸化数をもつ原子があります．これが酸化と還元に深くかかわってきます．

19・5 酸化数の増減と酸化・還元

CH_4 は空気中で O_2 と反応し CO_2 と水 H_2O になります．各化学種の中の原子の酸化数はつぎの通りです．

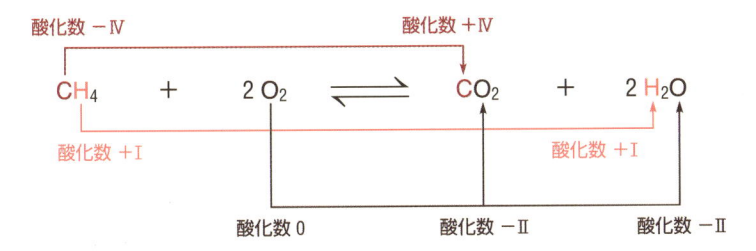

$$\underset{\text{酸化数 +I}}{\overset{\text{酸化数 -IV}}{CH_4}} + \underset{\text{酸化数 0}}{2O_2} \rightleftarrows \underset{\text{酸化数 -II}}{\overset{\text{酸化数 +IV}}{CO_2}} + \underset{\text{酸化数 -II}}{\overset{\text{酸化数 +I}}{2H_2O}}$$

　この反応で，Cの酸化数の変化に着目すると −IV から +IV に変わっています．化学種全体についていうと，このように酸化数が大きくなる原子をもつ化学種は酸化された，といいます（CH_4 中のC原子は酸化数の差である8個の電子を失い，CH_4 は CO_2 に酸化されました）．

　一方，Oの酸化数はルール1とルール3よりすぐにわかって，生成物が CO_2 であっても H_2O であっても0から −II になります．化学種全体についていうと，このように酸化数が小さくなる原子をもつ化学種は還元された，といいます．Hの酸化数には変化はありません．

　エテン（エチレン）に対する H_2 の付加反応は，C原子に着目すると還元反応になります．

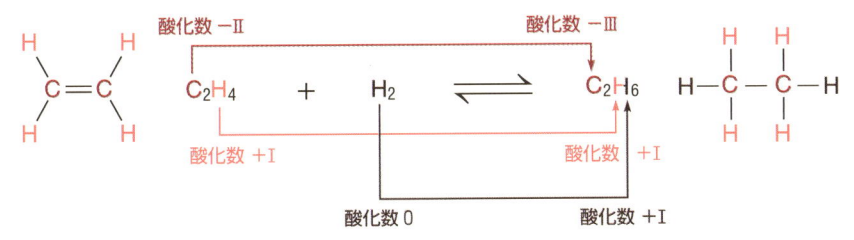

$$\underset{\text{酸化数 +I}}{\overset{\text{酸化数 -II}}{C_2H_4}} + \underset{\text{酸化数 0}}{H_2} \rightleftarrows \underset{\text{酸化数 +I}}{\overset{\text{酸化数 -III}}{C_2H_6}}$$

　この反応ではC原子の酸化数が −II から −III になっているので，C原子の電子数が増えた状態になっているといえるので，還元された，ということになります．酸化数の変化から，C原子を還元する電子は H_2 分子が与えていることもわかります．

　最後に一言，酸化数の変化は酸化還元反応で移動する電子の数を表していて，酸化数の変化の大小と，酸化されやすさ・還元されやすさとはまったく関係ありません．

−Iの酸化状態のH：ヒドリドイオン（H^-）がその正体です．水素化物イオンともいいます．有機化学で還元剤として重宝される $NaBH_4$ や $LiAlH_4$ のHは H^- としてふるまいます．H^- は $H^+ + 2e^-$ とも考えられ，体内でも NAD^+ が NADH になるときの反応に関与しています．

確認テスト

1. $Cr_2O_7^{2-}$ のCr原子の酸化数はいくつか．　　　　　　　　　　　　　　　［+VI］
2. HCHO，HCOOH，CH_3OH のCの酸化数はそれぞれいくつか．　　［0, +II, −II］
3. 酸化数が増加する原子は，酸化されているか，還元されているか．

［酸化されている］
4. HCHO から HCOOH の反応は酸化反応か，還元反応か．　　　　　［酸化反応］
5. 過酸化水素（H_2O_2, H−O−O−H）の中のO原子の酸化数が −I になる理由はなぜか．　　　　　　　　　　　　　　　　　［O−O 結合は分極していないため］
6. 水素化ナトリウム（ナトリウムヒドリド，NaH）中のHの酸化数が −I なのはなぜか．　　　　　　　　　　　　　［Na の方がHよりも電気陰性度が小さいため］

第20章 酸化剤・還元剤

到達目標 酸化反応と還元反応は同時に起こります．酸化反応で酸化される化学種は電子を放出しますから，それ自身は別の化学種を還元することができます．つまり，還元剤になります．同じように，還元反応で還元される化学種は電子を受け取るので，それ自身は別の化学種を酸化することができます．つまり，酸化剤になります．

プレテスト
1. 酸化剤とは何か．また酸化剤自身は酸化されているのか，還元されているのか．
2. ダニエル電池の電池反応（$Zn + Cu^{2+} \rightleftharpoons Zn^{2+} + Cu$）が右向きに進行しているとき，酸化剤と還元剤は何か．

プレテストの答え
1. 相手を酸化している物質のこと．自分自身は還元されている．
2. 酸化剤 Cu^{2+}，還元剤 Zn

20・1 電池反応と酸化剤・還元剤

H^+ を出すのが酸，H^+ をもらうのが塩基だったように，酸化還元反応では，

> 電子を放出するのが還元剤．還元剤は相手を還元している．
> 電子を受け取るのが酸化剤．酸化剤は相手を酸化している．

になります．

酸化半電池反応と還元半電池反応を組合わせると，電池反応（酸化還元反応）になります．電池反応では反応物のどちらかが酸化され，どちらかが還元されます．

還元剤 ruducing agent, reducing reagent, reductant

酸化剤 oxidizing agent, oxidizing reagent, oxidant

> 酸化される反応物：**還元剤** ＝ 相手の反応物を**還元**するために電子を放出
> 還元される反応物：**酸化剤** ＝ 相手の反応物を**酸化**するために電子を奪取

20・2 ダニエル電池では

ダニエル電池は，Zn と Cu との間の電子のやりとりを利用した電池です．酸化数の変化からわかるように，つぎの反応式が右向きに進む場合，Zn は Zn^{2+} に酸化され，Cu^{2+} は Cu に還元されています．

したがって，この場合は Zn は自分自身が電子を放出し Cu^{2+} を Cu に還元しているので還元剤，Cu^{2+} は電子を受け取ることで Zn を Zn^{2+} に酸化しているので酸化剤になります．

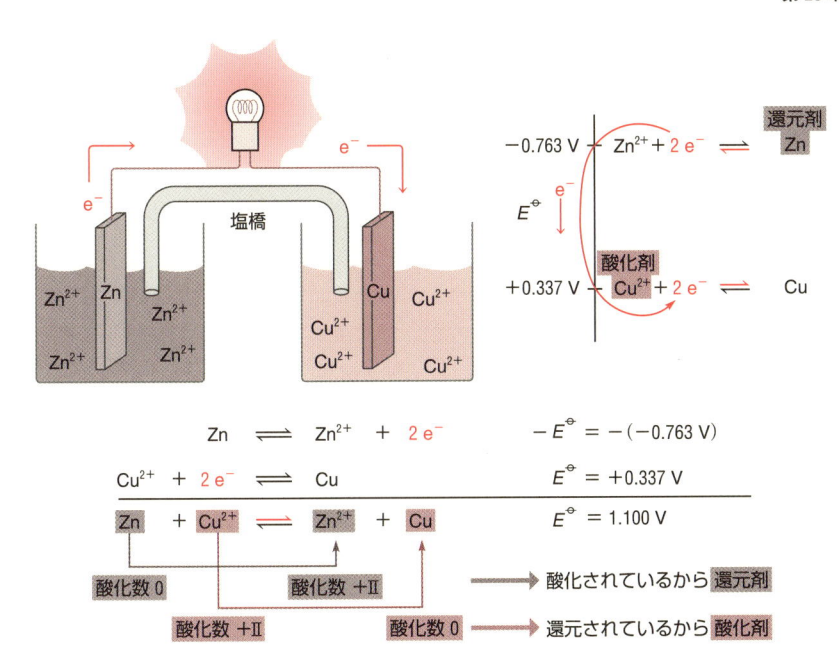

> $E^⊖$ の値と塩の濃度：電池反応で $E^⊖$ の値は，塩の濃度（ダニエル電池の場合は $ZnSO_4$ と $CuSO_4$）が 1 mol L^{-1} のときの値になります（☞ p.95，"コラム 標準状態"参照）．

ダニエル電池では，Zn から生じた e^- が Cu^{2+} を還元しています．よって，Zn は Cu^{2+} を還元する還元剤です．一方，Cu^{2+} は Zn から e^- を奪っています．つまり相手から e^- を引き離し，相手を酸化しているので，酸化剤になります．

20・3 燃焼反応では

メタン CH_4 が空気中で燃えて二酸化炭素 CO_2 になる反応をもう一度考えてみます（☞ §19・5参照）．

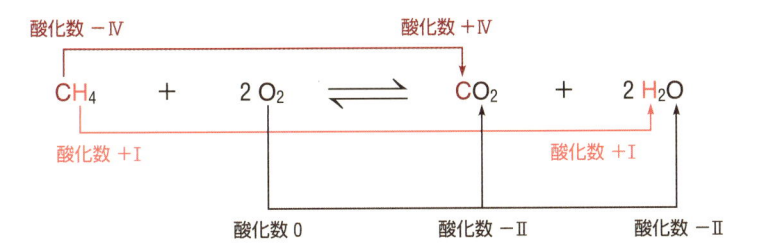

反応によって酸化数が変化しているのは CH_4 の C 原子と O_2 の O 原子です．O 原子は酸化数が 0 から −II に減少している，つまり相手から電子を二つ奪っているので酸化剤です．ただし，酸化剤・還元剤は安定に存在できる化学種なので，O_2 分子が酸化剤，ということになります．

CH_4 の C 原子の場合は，同様に酸化数が −IV から +IV に増加している，つまり相手に電子を 8 個渡しているので還元剤です．この C 原子を含む安定な化学種は CH_4 なので，CH_4 が還元剤といえます．

酸化状態　oxidation state

20・4　酸化状態，酸化種・還元種

CH_4 と CO_2 の C 原子の酸化数は，CH_4 が $-\text{IV}$，CO_2 が $+\text{IV}$ です．この酸化数の大小関係はその原子の**酸化状態**を表しています．酸化数が大きいほど，高い酸化状態にある，といいます．CO_2 の C の方が高い酸化状態にあるわけです．

そして，半電池反応の中で酸化状態が高い化学種を**酸化種**，酸化状態が低い化学種を**還元種**といいます．

20・5　酸化・還元も相手しだい

ダニエル電池の反応で，Zn の相手が Cu^{2+} ではなく，K^+ ならどうなるでしょうか．K と K^+ の半電池反応は $E^\ominus = -2.93\,\text{V}$，Zn と Zn^{2+} の半電池反応は $E^\ominus = -0.763\,\text{V}$ ですから，Zn から生じる電子は，半電池反応の $E^\ominus$ が $+0.337\,\text{V}$ の Cu^{2+} は還元できても，K^+ を還元することはできません．逆に Zn^{2+} が K から生じる電子によって還元されてしまいます．

ダニエル電池では Zn は還元剤でしたが，Zn と K の電池では K を酸化する酸化剤になります．酸や塩基にも強酸と弱酸，強塩基と弱塩基があるように，酸化剤や還元剤にも強い酸化剤と弱い酸化剤，強い還元剤と弱い還元剤があり，**酸化力，還元力を数値で表したものが $E^\ominus$** になります．$E^\ominus$ が低い（大きなマイナスの値の）半電池反応の中に出てくる e^- は非常に強い還元力をもっています．よって，この電子を放出することができる化学種が強い還元剤になります．

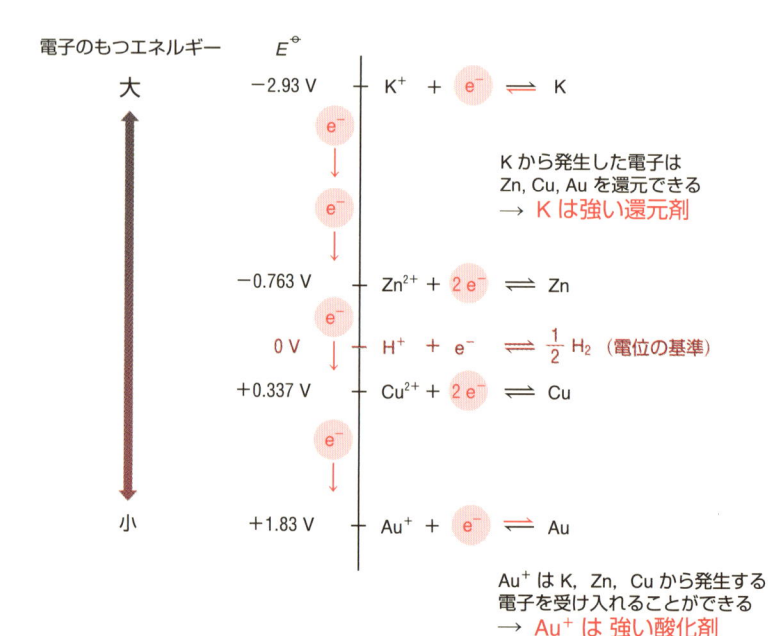

半電池反応の二つの組合わせが酸化還元反応であり，電池反応です（☞§18・4）．よって，組合わせた半電池反応の $E^\ominus$ が低い（よりマイナスの）方の還元種が還元剤，高い（よりプラスの）方の酸化種が酸化剤になります．

電子のもつエネルギー　　$E^\ominus$

大

$-2.93\,\text{V}$ ── $K^+\ +\ e^-\ \rightleftharpoons\ K$

K から発生した電子は
Zn, Cu, Au を還元できる
→ **K は強い還元剤**

$-0.763\,\text{V}$ ── $Zn^{2+}\ +\ 2\,e^-\ \rightleftharpoons\ Zn$

$0\,\text{V}$ ── $H^+\ +\ e^-\ \rightleftharpoons\ \frac{1}{2}H_2$　（電位の基準）

$+0.337\,\text{V}$ ── $Cu^{2+}\ +\ 2\,e^-\ \rightleftharpoons\ Cu$

$+1.83\,\text{V}$ ── $Au^+\ +\ e^-\ \rightleftharpoons\ Au$

小

Au^+ は K, Zn, Cu から発生する電子を受け入れることができる
→ **Au^+ は強い酸化剤**

確認テスト

1. K と K^+ の半電池は $E° = -2.93\,V$，Au と Au^+ の半電池は $E° = +1.83\,V$ である．この二つを組合わせた電池反応の酸化剤と還元剤は何か．　　［酸化剤 Au^+，還元剤 K］

2. Cu と Cu^{2+} の半電池は $E° = +0.337\,V$ である．この半電池を Au と Au^+ の半電池と組合わせた電池反応の酸化剤と還元剤は何か．　　［酸化剤 Au^+，還元剤 Cu］

3. $Fe^{2+} + Ce^{4+} \rightleftharpoons Fe^{3+} + Ce^{3+}$ の反応が右向きに進む場合の酸化剤と還元剤は何か．　　［酸化剤 Ce^{4+}，還元剤 Fe^{2+}］

4. $Fe^{2+} + Ce^{4+} \rightleftharpoons Fe^{3+} + Ce^{3+}$ の反応が左向きに進む場合の酸化剤と還元剤は何か．　　［酸化剤 Fe^{3+}，還元剤 Ce^{3+}］

5. $Fe^{2+} + Ce^{4+} \rightleftharpoons Fe^{3+} + Ce^{3+}$ の反応はすべての化学種が同じ濃度から始まった場合，右向きに進行する．Fe^{3+} と Fe^{2+} の半電池反応と Ce^{4+} と Ce^{3+} の半電池反応の標準電位はどちらが低いか．　　［Fe^{3+} と Fe^{2+} の半電池反応］

第21章 酸化還元反応式

到達目標 酸化反応と還元反応の二つの半電池反応を組合わせたものが電池反応，つまり酸化還元反応です．ですから，酸化還元反応の反応式を書き表すためには，二つの半電池反応をつくり，係数を合わせて電子を消去します．

プレテスト
1. 水の電気分解反応 $H_2O \rightleftharpoons H_2 + \frac{1}{2}O_2$ を二つの半電池反応に分解しなさい．
2. 酸性条件下での MnO_4^- と Mn^{2+} の間の半電池反応式を書き表しなさい．
3. シュウ酸（HOOC–COOH）と二酸化炭素 CO_2 の間の半電池反応式を書き表しなさい．
4. 酸性条件下での MnO_4^- と HOOC–COOH の間の酸化還元反応式を書き表しなさい．

プレテストの答え
1. $H^+ + e^- \rightleftharpoons \frac{1}{2}H_2$, $O_2 + 4H^+ + 4e^- \rightleftharpoons 2H_2O$
2. $MnO_4^- + 8H^+ + 5e^- \rightleftharpoons Mn^{2+} + 4H_2O$
3. $CO_2 + H^+ + e^- \rightleftharpoons \frac{1}{2}C_2H_2O_4$
4. $MnO_4^- + 3H^+ + \frac{5}{2}C_2H_2O_4 \rightleftharpoons Mn^{2+} + 4H_2O + 5CO_2$

21・1 水の電気分解の酸化還元反応式

化学反応式（☞第8章）のところでも説明しましたが，化学反応式の $\rightleftharpoons$ の両側では，

> 原子の種類とその数が一致すること：原子の保存
> イオンの価数の和が一致すること： 電荷の保存

が必ず成立します．この原則は酸化還元反応でも変わることはありません．

そこで，水の電気分解を例にとり，酸化還元反応の反応式を書き表してみましょう．水の電気分解は，

$$H_2O \rightleftharpoons H_2 + \frac{1}{2}O_2$$

です（逆反応が燃料電池になります）．適度な濃度（$1\,mol\,L^{-1}$ としましょう）の希硫酸に2本のシャープペンの芯（つまり炭素電極）を入れて乾電池を直列につなぐと，電池の＋極と－極につないだ芯の表面に泡が付いてきます．これを二つの半電池反応に分けて考えます．

乾電池の－極につないだ芯には乾電池から電子がつぎつぎとやってくるので，この電子を使う還元反応が進行し，H^+ が H_2 になります．こちらの**電極が還元反応が進行する陰極**です．他方の芯では，乾電池の＋極に電子が吸い寄せられ電子不足になるため，電子を放出する酸化反応が進行します．**酸化反応が進行する電極が陽極**です．電極の近くには，酸化されやすいものとして H_2O がありますのでそれが酸化されて O_2 になります．

水の電気分解は起こりにくい：H^+/H_2 と O_2/H_2O の標準酸化還元電位はそれぞれ $0\,V$, $1.23\,V$ なので，その差（標準起電力）は $1.23\,V$ です．理屈の上では水の電気分解は乾電池（$1.5\,V$）で十分起こるはずですが，実際には $1.5\,V$ 以上の電圧が必要です．

電極反応：電池の中や電気分解で起こる反応は，二つの電極の表面でそれぞれの半電池反応が起こります．半電池反応が電極反応ともいわれるゆえんです．

電　極　electrode
陰　極　cathode
陽　極　anode

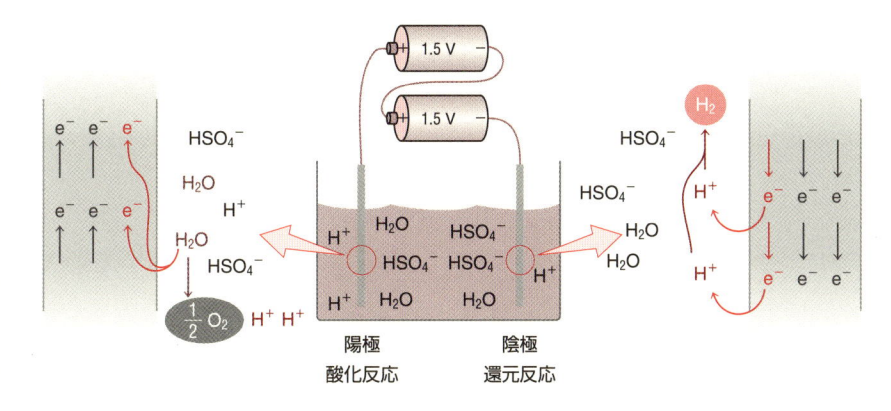

電気分解で何が酸化・還元されるか: 希硫酸中では陽極で H_2O の酸化が起こりますが，食塩水中では Cl_2/Cl^- は $E°=1.36\,V$ で，O_2/H_2O の $E°=1.23\,V$ よりも高いので，Cl^- の酸化が H_2O の酸化に優先して起こり，O_2 の代わりに Cl_2 が発生します．電（気分）解反応で希硫酸が使われるのは，HSO_4^- や SO_4^{2-} が非常に電気分解されにくい化学種だからです．

それぞれの電極で起こっている反応の反応物と生成物がわかったら，半電池反応を組立てます．

陰極側：

$$H^+ \longrightarrow H_2 \quad\quad \text{H 原子の数が合わないから，} H^+ \text{を左に足す}$$
$$2\,H^+ \longrightarrow H_2 \quad\quad \text{酸化数は } H^+ \text{ が } +I,\ H_2 \text{ は } 0$$
$$\text{その差 } +I\times 2 = +II \text{ に相当する電子を左に足す}$$

$$\boxed{2\,H^+ + 2\,e^- \longrightarrow H_2} \quad\quad (1)$$

陽極側：

$$H_2O \longrightarrow O_2 \quad\quad \text{O 原子の数が合わないから，} H_2O \text{を左に足す}$$
$$2\,H_2O \longrightarrow O_2 \quad\quad \text{H 原子の数が合わないから，} H^+ \text{を右に足す}$$
$$2\,H_2O \longrightarrow O_2 + 4\,H^+ \quad\quad \text{O 原子の酸化数は } H_2O \text{ が } -II,\ O_2 \text{ は } 0$$
$$\text{その差 } -II\times 2 = -IV \text{ に相当する電子を右に足す}$$

$$\boxed{2\,H_2O \longrightarrow O_2 + 4\,H^+ + 4\,e^-} \quad\quad (2)$$

途中で，原子の数が合わないときに H^+ や H_2O を足しています．H 原子や O 原子の代表的な化学種です．塩基性水溶液中では H^+ は少なくなり，代わりに OH^- が多くなるので，H や O の数合わせに OH^- が使われます．

電気分解における酸化還元反応を完成させるためには，まず陰極と陽極で起こっている二つの半電池反応を，電子の数が合うように組合わせます．式1と式2の反応では，式1の反応の電子数が2，式2の反応の電子数が4なので，式2を1/2倍します．

$$2\,H^+ + 2\,e^- \rightleftharpoons H_2 \quad\quad (1)$$
$$H_2O \rightleftharpoons \tfrac{1}{2}O_2 + 2\,H^+ + 2\,e^- \quad\quad \tfrac{1}{2}\times(2)$$
$$\overline{2\,H^+ + 2\,e^- + H_2O \rightleftharpoons H_2 + \tfrac{1}{2}O_2 + 2\,H^+ + 2\,e^-}$$

反応物側と生成物側の共通の化学種を消去して，

$$H_2O \rightleftharpoons H_2 + \tfrac{1}{2}O_2$$

となり，水の電気分解反応になりました．

21・2 電気分解反応でなくても同じ

CH_4 の燃焼の酸化還元反応式を組立ててみましょう．

$CH_4 \longrightarrow CO_2$　　　　　　　C 原子の酸化数は CH_4 が $-IV$，CO_2 が $+IV$
　　　　　　　　　　　　　　　　　その差 $+VIII$ に相当する電子を足す

$CH_4 \longrightarrow CO_2 + 8\,e^-$　　　　式の左の電荷は 0，右の電荷は -8
　　　　　　　　　　　　　　　　　右に $8\,H^+$ を足す

$CH_4 \longrightarrow CO_2 + 8\,e^- + 8\,H^+$　　O 原子と H 原子の数合わせ
　　　　　　　　　　　　　　　　　左に $2\,H_2O$ を足す

$$\boxed{CH_4 + 2\,H_2O \longrightarrow CO_2 + 8\,e^- + 8\,H^+}$$

これができたら，O_2 の還元反応，すなわち式2の逆反応の半電池反応

$$\boxed{O_2 + 4\,H^+ + 4\,e^- \longrightarrow 2\,H_2O}$$

と組合わせます（電子数を合わせるために2倍する）．

$$CH_4 + 2\,H_2O + 2\,O_2 + 8\,H^+ + 8\,e^- \rightleftharpoons CO_2 + 8\,e^- + 8\,H^+ + 4\,H_2O$$

共通の化学種を消去して，

$$CH_4 + 2\,O_2 \rightleftharpoons CO_2 + 2\,H_2O$$

CH_4 の燃焼反応の反応式が残ります．

21・3 半電池反応がわかっていれば

過マンガン酸イオン（MnO_4^-）とシュウ酸（$HOOC-COOH$, $C_2H_2O_4$）の反応を考えます．酸性条件下で行うこととします．反応物と生成物から自分で半電池反応を組立てることもできますが，それぞれの半電池反応を調べるとすぐにわかります．

$$MnO_4^- + 8\,H^+ + 5\,e^- \rightleftharpoons Mn^{2+} + 4\,H_2O \qquad E^\circ = +1.51\,\mathrm{V} \qquad (3)$$
$$2\,CO_2 + 2\,H^+ + 2\,e^- \rightleftharpoons C_2H_2O_4 \qquad E^\circ = -0.49\,\mathrm{V} \qquad (4)$$

酸化還元反応（電池反応）にするためには，電子を消去すればよいので，

$$2\,MnO_4^- + 16\,H^+ + 10\,e^- + 5\,C_2H_2O_4 \rightleftharpoons$$
$$2\,Mn^{2+} + 8\,H_2O + 10\,CO_2 + 10\,H^+ + 10\,e^- \qquad (5)$$

これまでと同じように，反応物と生成物の共通の化学種を消去すると，

$$2\,MnO_4^- + 6\,H^+ + 5\,C_2H_2O_4 \rightleftharpoons$$
$$2\,Mn^{2+} + 8\,H_2O + 10\,CO_2 \qquad (6)$$

が得られます．これでもよいのですが，MnO_4^- に焦点を当てて，この係数を1にしておきます．

$$MnO_4^- + 3\,H^+ + \frac{5}{2}C_2H_2O_4 \rightleftharpoons Mn^{2+} + 4\,H_2O + 5\,CO_2 \qquad (7)$$

pH が酸化還元反応に与える影響：酸化還元反応には，pH が重要になることがあります．MnO_4^- の場合，

強酸性条件下：
$MnO_4^- + 8\,H^+ + 5\,e^-$
　　$\rightleftharpoons Mn^{2+} + 4\,H_2O$
弱酸性〜中性条件下：
$MnO_4^- + 4\,H^+ + 3\,e^-$
　　$\rightleftharpoons MnO_2 + 2\,H_2O$
塩基性条件下：
$MnO_4^- + 2\,H_2O + 3\,e^-$
　　$\rightleftharpoons MnO_2 + 4\,OH^-$

となります．半電池反応式の中に H^+ や OH^- が出てきますが，その数と種類に注目してください．pH が低いとき，高いときでどの反応が主になるかがわかります．

高等学校の教科書では…：式7に K^+ や SO_4^{2-} を加えています．K^+ も SO_4^{2-} も酸化還元にはまずかかわりませんから，式7の酸化還元反応式からは除いています．

これが過マンガン酸イオンとシュウ酸の酸化還元反応です．

この反応がどちら向きに進行するかは $E^⦵}$ の値から推測でき，$E^⦵}$ の低い半電池反応の還元種である $C_2H_2O_4$ が還元剤として電子を放出し，その電子は $E^⦵}$ の高い半電池反応の酸化種である MnO_4^- を Mn^{2+} に還元することがわかります．ついでに，この電池反応の標準起電力は $1.51-(-0.49)=2.00$ V です．

確認テスト

1. ヨウ素 I_2 とヨウ化物イオン I^- の半電池反応式をつくりなさい．　　　[$I_2+2e^- \rightleftharpoons 2I^-$]
2. 二クロム酸イオン $Cr_2O_7^{2-}$ と Cr^{3+} の半電池反応式をつくりなさい．
 [$Cr_2O_7^{2-}+14H^++6e^- \rightleftharpoons 2Cr^{3+}+7H_2O$]
3. 二クロム酸イオンがヨウ化物イオンを酸化する反応式を表しなさい．
 [$Cr_2O_7^{2-}+14H^++6I^- \rightleftharpoons 2Cr^{3+}+3I_2+7H_2O$]
4. アセトアルデヒド（CH_3CHO）が Ag^+ により酸化されて酢酸（CH_3COOH）になる反応（銀鏡反応）の反応式を表しなさい．
 [$CH_3CHO+2Ag^++H_2O \rightleftharpoons CH_3COOH+2Ag+2H^+$]

第22章　酸化還元反応の量的関係

到達目標　酸化還元反応式がつくれたら，その反応にかかわるすべての化学種のモル比がわかりますから，質量比などの量的な関係がすべてわかります．

プレテスト
1. 酸性条件下，0.100 mol の過マンガン酸イオン（MnO_4^-）をマンガンイオン Mn^{2+} に還元するために必要なシュウ酸（$C_2H_2O_4$）は何 mol か．
2. 酸性条件下で，1.00 g のシュウ酸を酸化するのに，過マンガン酸カリウム（$KMnO_4$）は何 g 必要か．
3. 3 w/v% の過酸化水素水 10.0 mL を酸化分解するのに必要な $KMnO_4$ は何 g か．
4. 3 の反応で発生する O_2 の体積は 25 ℃ で何 L か．

プレテストの答え
1. 0.250 mol
2. 0.702 g
3. 0.558 g
4. 0.216 L

22・1　酸化還元反応の当量関係

前章で過マンガン酸イオンとシュウ酸の反応式をつくりました．

$$MnO_4^- + 3H^+ + \frac{5}{2}C_2H_2O_4 \rightleftharpoons Mn^{2+} + 4H_2O + 5CO_2$$

この酸化還元反応式を言葉でいってみます．

　　　過マンガン酸イオンは $\frac{5}{2}$ 当量のシュウ酸を酸化できる

シュウ酸を中心として考えるには，上の反応式を 2/5 倍すればよく，

$$\frac{2}{5}MnO_4^- + \frac{6}{5}H^+ + C_2H_2O_4 \rightleftharpoons \frac{2}{5}Mn^{2+} + \frac{8}{5}H_2O + 2CO_2$$

言葉でいうと，

　　　シュウ酸の酸化には $\frac{2}{5}$ 当量の過マンガン酸イオンが必要である

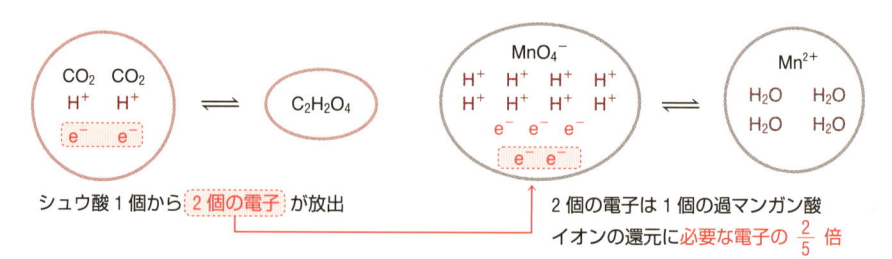

> **酸化還元反応の係数は複雑？**：酸化還元反応では，反応の係数が複雑に見えることがあります．これは主役の電子の数合わせが必須だからです．酸化還元反応における化学種の間の当量関係を把握するには，分数の係数を積極的に使いましょう．

シュウ酸1個から **2個の電子** が放出

2個の電子は1個の過マンガン酸イオンの還元に必要な電子の $\frac{2}{5}$ 倍

当量関係，すなわちモル比がわかれば質量比もすぐに計算できます．

　シュウ酸（モル質量 90.04 g mol^{-1}）1.00 g を酸化できる MnO_4^- は何 g かを求めてみましょう．シュウ酸 1.00 g を x mol とすると，

$$90.04 \text{ g} : 1.00 \text{ mol} = 1.00 \text{ g} : x \text{ mol}$$

より，$x=0.0111$ mol となります．シュウ酸 0.0111 mol を酸化するには MnO_4^- が $\frac{2}{5}$ 倍 mol 必要ですから，MnO_4^- は $0.0111 \times \frac{2}{5} = 0.00444$ mol になります．この 0.00444 mol の MnO_4^- を $KMnO_4$（モル質量 158.0 g mol^{-1}）で賄うとします．$KMnO_4$ の質量を y g とすると，

$$158.0 \text{ g} : 1.00 \text{ mol} = y \text{ g} : 0.00444 \text{ mol}$$

より，$y=0.702$ g 必要なことがわかります．

つぎに，0.106 mol L^{-1} $KMnO_4$ 硫酸酸性水溶液 20.0 mL の中の MnO_4^- を完全に還元するために必要な 0.0994 mol L^{-1} シュウ酸水溶液の体積を求めてみましょう．

0.106 mol L^{-1} の MnO_4^- 水溶液 20.0 mL 中に含まれる MnO_4^- を x mol とすると，

$$0.106 \text{ mol} : 1 \text{ L} = x \text{ mol} : 0.0200 \text{ L} \longrightarrow x = 0.00212 \text{ mol}$$

となります．1 mol の MnO_4^- の還元に必要なシュウ酸は $\frac{5}{2}$ mol ですから，必要なシュウ酸は，

$$0.00212 \text{ mol} \times \frac{5}{2} = 0.00530 \text{ mol}$$

です．一方，0.0994 mol L^{-1} のシュウ酸水溶液は 1 L 中にシュウ酸を 0.0994 mol 含んでいますから，0.00530 mol のシュウ酸を含むこのシュウ酸水溶液の体積を y L とすると，

$$0.0994 \text{ mol} : 1 \text{ L} = 0.00530 \text{ mol} : y \text{ L} \longrightarrow y = 0.0533 \text{ L}$$

すなわち，53.3 mL 必要なことがわかります．

水溶液 1 mL 当たりで酸化還元できる量：0.0994 mol L^{-1} のシュウ酸水溶液は 1 L で $0.0994 \times (2/5) = 0.0398$ mol の MnO_4^- を還元することができます．1 mL 当たりにすると 3.98×10^{-5} mol です．これに $KMnO_4$ のモル質量を掛けると 6.28 mg になります．つまり，0.0994 mol L^{-1} シュウ酸水溶液 1 mL は $KMnO_4$ 6.28 mg を還元できることになります．

22・2 酸化還元反応の総仕上げ

つぎに，過マンガン酸イオンによる過酸化水素（H_2O_2）の酸化を考えてみましょう．H_2O_2 は，ヨウ素 I_2 とともに，相手によって酸化剤になったり還元剤になったりする代表的な化学種です．なお，過酸化水素中の O の酸化数は例外規定によって $-\text{II}$ ではなく $-\text{I}$ になっているので，注意しましょう．

$$MnO_4^- + 8H^+ + 5e^- \rightleftharpoons Mn^{2+} + 4H_2O \qquad E^\circ = +1.51 \text{ V} \quad (1)$$
$$O_2 + 2H^+ + 2e^- \rightleftharpoons H_2O_2 \qquad E^\circ = +0.68 \text{ V} \quad (2)$$

ここまで来れば，すぐに理解できると思いますが，この二つの半電池反応から得られる酸化還元反応は

$$MnO_4^- + \frac{5}{2}H_2O_2 + 3H^+ \rightleftharpoons Mn^{2+} + \frac{5}{2}O_2 + 4H_2O$$

あるいは

$$\frac{2}{5}MnO_4^- + H_2O_2 + \frac{6}{5}H^+ \rightleftharpoons \frac{2}{5}Mn^{2+} + O_2 + \frac{8}{5}H_2O$$

電池反応の標準起電力: 電池反応の標準起電力 $E°$ は二つの半電池反応の $E°$ の値の差です（☞§18・4）．電池反応式は,

(式1) $-\frac{5}{2}×$ (式2)

でつくられます．これに対し，この反応の標準起電力は単に

(式1の $E°$) $-$ (式2の $E°$)

で求めます．電位は電子1個のもつエネルギーに相当し，同じ半電池反応なら，その電子はすべて同じ電位にあるからです．

です．$E°$ の値から MnO_4^- が酸化剤，H_2O_2 が還元剤となり，その標準起電力は 0.83 V であることもわかります．

この酸化還元反応式を使って，オキシドール（3.00 w/v% の H_2O_2 水溶液）10.0 mL 中に含まれる H_2O_2 の酸化に必要な $KMnO_4$ の質量を求めてみましょう．オキシドール 10.0 mL 中には H_2O_2（モル質量 34.02 g mol^{-1}）が 0.300 g 入っています．この H_2O_2 のモル数を x mol とすると，

$$34.02\,g : 1\,mol = 0.300\,g : x\,mol$$

より，$x=0.00882$ mol になります．H_2O_2 に対する MnO_4^- の当量関係は $\frac{2}{5}$ 当量ですから，過酸化水素 0.00882 mol の酸化には $0.00882×\frac{2}{5}=0.00353$ mol の MnO_4^- が必要です．H_2O_2 の酸化に必要な $KMnO_4$（モル質量 158.0 g mol^{-1}）の質量を y g とすると，

$$158.0\,g : 1.00\,mol = y\,g : 0.00353\,mol$$

$y=0.558$ g の $KMnO_4$ が必要であることがわかります．

この反応では気体 O_2 が発生します．H_2O_2 に対して 1 当量発生しますから，0.00882 mol の O_2（モル体積 25℃で 24.5 L mol^{-1}）が発生します．その体積を z m^3 とすると，

$$0.0245\,m^3 : 1\,mol = z\,m^3 : 0.00882\,mol$$

より，$z=2.16×10^{-4}$ m$^3=0.216$ L の O_2 が発生することがわかります．

H_2O_2 にはつぎの半電池反応もあります．オキシドール 10.0 mL と反応する KI が何 g かを求めてみましょう．

$$H_2O_2 + 2H^+ + 2e^- \rightleftharpoons 2H_2O \qquad E° = +1.77\,V \qquad (3)$$

どの半電池反応が起こるかは相手しだい: H_2O_2 には式2と式3の二つの半電池反応があります．どちらの半電池反応が起こるかは，相手と状況しだいになります．$E°$ の値は関係ありません．ただし，相手が決まれば $E°$ の低い方（よりマイナスの方）から高い方（よりプラスの方）に電子が移動します．

ヨウ素の半電池反応は,

$$I_2 + 2e^- \rightleftharpoons 2I^- \qquad E° = +0.54\,V \qquad (4)$$

式3と式4から得られる酸化還元反応式は

$$H_2O_2 + 2H^+ + 2I^- \rightleftharpoons I_2 + 2H_2O$$

あるいは,

$$\frac{1}{2}H_2O_2 + H^+ + I^- \rightleftharpoons \frac{1}{2}I_2 + H_2O$$

です．$E°$ の値から，H_2O_2 が酸化剤，I^- が還元剤であることがわかります．

上の反応式より，H_2O_2 は 2 当量の I^- を酸化することができ，I^- は $\frac{1}{2}$ 当量の H_2O_2 を還元できることがわかります．この当量関係がわかり，質量と物質量を換算してくれるモル質量（分子量，KI は 166.00 g mol^{-1}）がわかれば OK です．

答えは 2.93 g です.

確認テスト

1. オキシドール（3.00 w/v% の H_2O_2 を含む）30.0 mL 中の H_2O_2 を還元するのに必要なヨウ化カリウム KI の質量はいくらか. [8.80 g]

2. ニクロム酸イオン（$Cr_2O_7^{2-}$）は毒性が強く，廃棄する際には Cr^{3+} に還元する必要がある．還元剤としてチオ硫酸イオン（$S_2O_3^{2-}$；半電池反応は $S_4O_6^{2-} + 2\,e^- \rightleftharpoons 2\,S_2O_3^{2-}$）を使うとし，10.0 g のニクロム酸カリウム K_2CrO_7 を処理する場合，何 g のチオ硫酸ナトリウム五水和物（$Na_2S_2O_3 \cdot 5\,H_2O$）が必要か．処理後の溶液体積が 0.500 L だったとき，四チオン酸イオン（$S_4O_6^{2-}$）のモル濃度はいくらか. [50.6 g, 0.204 mol L^{-1}]

3. 金属ナトリウム（Na, モル質量 22.99 g mol^{-1}）が水と反応すると，水中の H^+ と反応して水素（H_2）が発生する．Na 0.200 g を大量の水に入れたときに発生する水素の体積はいくらか．温度は 25 ℃ とする. [0.107 L]

コラム 酸化還元反応のまとめ

二つの半電池反応を組合わせると，化学電池ができます．半電池反応の標準電位は，化学電池になったときに，

その差が化学電池の標準起電力になる

という意味をはじめてもちます．半電池反応の標準電位は，その反応に現れている電子のもつ"能力"を表しているだけでまだ使っていません．すなわち，能力が保存された状態です．半電池反応に現れる電子は，別の半電池反応と組合わせてはじめて移動できるようになります．その電子の移動する方向を決めるのが，標準電位になります．化学電池を構成する二つの半電池反応のイオンの濃度がほぼ同じ場合，電子は，

標準電位の低い（マイナスが大きい）方から高い（プラスが大きい）方へ移動する

この原則を忘れないようにしましょう．逆方向に反応を進行させようとすれば，外からエネルギーを与える必要があります．これが電気分解です．

また，以上のことから，標準電位の基準である 0 V の "0" には，まったく意味がないことを理解してください．0 V を境に，標準電位が負の半電池が負極，正の半電池が正極になる，ということはありません（そのような組合わせが多いのも事実ですが）．標準電位が負の半電池同士でも，化学電池を組立てることはできます．当然，標準電位が正の半電池同士でも，化学電池はできます．その場合でも，"電子は標準電位が低い方から高い方に移動する" 原則に従います．

酸化還元反応を苦手としている人は多いと思います．なぜ，酸化還元反応が難しく感じられるのでしょうか？ その理由を考えてみると，

- 酸化還元反応では原子の数あわせのほか，電子のやりとりを考慮する必要がある
- 電子のやりとりは半電池反応でないと見えない
- 酸化数のルールの理解が必要である

があげられるでしょう．さらに，

- 電位は相対的なものなのに，絶対値があるように見える（0 V の存在）
- 一つの原子でも複数の酸化状態がある
- 主役である電子の移動と電位の符号が逆になっている

これらのことも，酸化還元反応が難しく感じられる原因でしょう．本文中では，高等学校の化学では出てこない標準電位を使い，数値を使いながら酸化還元反応を順を追って理解してもらうようにしたつもりです．

そして，酸化還元反応のうち，

1. 電気的エネルギーを使ってわざと平衡をずらす作業をするのが "電気分解"
2. 平衡にたどり着く過程で発生するエネルギーを有効に取出す仕組みが "化学電池"

です．この違いがわかれば，薬学の講義で必ず出会う，最も重要な用語の一つであるギブズエネルギーの仕組みが理解できるようになるでしょう．

第 22 章　酸化還元反応の量的関係　95

コラム　標準状態

"標準状態とはどういう状態ですか？"と質問すると，"1 気圧，25 ℃"あるいは"1 気圧，0 ℃"という答えがほとんどです．これは正しい答えなのでしょうか．

標準状態とは"私たちが基準として選んだ状態"のことです．理論化学は化学物質のもつエネルギーを中心に考えますが，エネルギーの絶対値は簡単にはわかりません．そこで，基準となる状態"標準状態"を定めます．基準さえできてしまえば，比較や換算が簡単にできます．

私たちは圧力がほぼ一定の下（1 気圧）で生活しています．そこで，圧力についての基準状態を 1 気圧（1.01325×10^5 Pa）に定めます．これが"**標準圧力**"です．温度については，気体では 0 ℃（273.15 K），その他の状態では 25 ℃（298.15 K）を"**標準温度**"にすることが多いようです．そして，この二つをあわせて"**標準圧力と温度**"とよび，一般には"**標準状態**"とよばれています．

標準温度と圧力付近では，どの気体もモル数は圧力に比例しますから，圧力は気体の量を表しているといえます．液体や固体の場合の"標準状態"は，量を表す単位を変えて，純粋な液体や固体はモル分率，溶液はモル濃度を使い，モル分率が 1 やモル濃度が 1 mol L^{-1} の状態を"標準状態"とします．ただし，液体や固体，溶液の場合でも，1 気圧（標準圧力）の下での値が"標準状態"の値になります．

標準状態の値は $E^\ominus$ のように，"$^\ominus$"や"$^\circ$"，"*"といった記号を付けて表します．一般に"$^\ominus$"や"$^\circ$"は，気体（1 気圧）や溶液（1 mol L^{-1}）のときに，"*"は液体や固体（モル分率が 1，すなわち純物質）のときに使われます．本書で用いた $E^\ominus$ の場合は"溶液中の化学種の濃度がすべて 1 mol L^{-1} のときの電位（起電力）の値ですよ"，ということです．ていねいな本では，気体の標準状態（1 気圧）と溶液の標準状態（1 気圧の下で 1 mol L^{-1}）で異なる記号を使って区別している場合もありますが，区別せずに同じ記号で表している本が多いですし，本によっては，純物質の液体や固体の標準状態（1 気圧でモル分率が 1）も "$^\ominus$" や "$^\circ$" で表している場合があるので，気をつけてください．

ここまでの説明で，標準状態では物質の量を表す数値が "**1**" になっていることに気がついたでしょうか？　ここに着目して，物理化学の授業に臨んでください．きっと得るものが多いはずです．そして，物理化学を学んで，"標準状態"には実は温度は無関係であることに気がついてください．

最後に，冒頭の質問，"気体なら誤りとはいえないが，液体や固体，溶液ならこれだけでは不十分"，が答えになります．わかっていただけるでしょうか？

標準圧力と温度　standard pressure and temperature

標準状態　standard state

第 IV 部
物理量と単位

第 23 章 単位と次元

到達目標 算数と理科の最大の違いは，出てくる数値に単位があるか，ないかです．単位はいくつかの基本の次元から成り立っていて，単位に気を配ることで科学の中身が見えてきます．詳しいことは他の成書や講義に譲りますが，ここでは単位の大切さを理解してください．

23・1 単位と次元

数学では数値を数として扱います．でも，科学ではそうではありません．科学に出てくる数値は"量（物理量ともいいます）"の形をとっており，

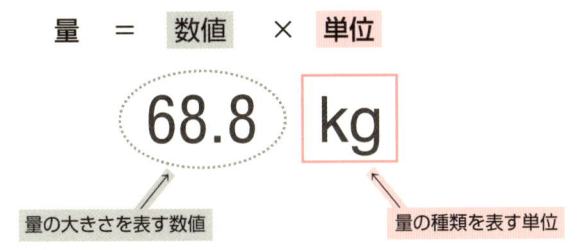

量 ＝ 数値 × 単位

68.8 kg

量の大きさを表す数値　量の種類を表す単位

物理量　physical quantity
量　quantity
単位　unit

になっています．1 m という量を見て，私たちは瞬時にこれが長さを表していることがわかります．1 m の紐と 2 m の紐をつなげると，3 m の紐になります．しかし，1 m の紐と 1 kg の紐をつなげても，その量はわかりません．1 m と 1 kg を足すことに意味がないからです．

量を扱う場合には，以下のルールがあります．

> 異なる単位をもつ量同士は足し算・引き算ができない
> 量の掛け算・割り算は単位の掛け算・割り算も伴う

$$1\,\text{m} + 1\,\text{m} = 2\,\text{m}\ (\text{OK})$$
$$1\,\text{m} + 1\,\text{kg} \rightarrow \text{NG}$$
$$1\,\text{m} \times 1\,\text{kg} = 1\,\text{kg m}\ (\text{OK})$$

単位を忘れずに！：試験や実習のレポートで計算をするときに単位を書いていますか？ 100 と書いてあるだけでは，それが 100 m なのか，100 g なのか，わかりません．
　物理量 ＝ 数値 × 単位
であることを決して忘れてはいけません．

単位は量の種類を表します．すべての物理量は 7 種類の基本物理量の組合わせで表せることになっています．基本物理量のことを次元とよぶことがあります．単位をもたない量もありますが，これは**無次元**という立派な単位をもっていると考えます（☞ §23・4）．濃度の計算でしばしば出てくる比重というものは，着目する物質の質量を，同じ体積の水の質量で割ったものなので，

$$\text{エタノールの比重} = \frac{\text{エタノール 1 mL の質量}}{\text{水 1 mL の質量}} = \frac{0.789\,\text{g}}{1.000\,\text{g}}$$
$$= 0.789$$

次元 dimension：長さ[L]，質量[M]，時間[T]とすると，面積は L^2，体積は L^3，密度は ML^{-3}，速度は LT^{-1} の次元になります．この L^2, L^3, ML^{-3}, LT^{-1} のことを次元式ということがあります．

となります．ここで注意したいことは，数値の割り算と同時に単位の割り算も行われていることです．

23・2 次元が同じで異なる単位の量

次元は同じでも異なる単位をもつ量もあります．長さという次元の基本はmですが，小さいものを表すときにはmm（1/1000 m）を，長い距離を表すときにはkm（1000 m）を使います．宇宙の大きさを表すときにはkmでも足りないので，光年（光が真空中を1年間に進む距離，1光年＝約9兆5千億km）を使います．

また，米国などでは長さの単位としてmの代わりにフィートft，重さの単位としてkgの代わりにポンドlbを使って日常生活を営んでいます．

> **分数の国**：日本は昔から十進数の単位を使っていました．一方，米国で使われているft，lbとも，十進数ではありません．たとえば，
> 　1 ft＝12 inch（インチ）
> 　1 lb＝16 oz（オンス）
> です．細かい数値を扱うときは，1/2, 1/4, 1/8, 1/16, 1/32といった分数を使います．

23・3 SI 単 位

科学の世界では，七つの次元の基本単位を使います．**国際単位系**（**SI単位系**）です．

> 国際単位系　the international system of units

基本物理量	SI単位記号（名称）	基本物理量	SI単位記号（名称）
長さ	m（メートル）	質量	kg（キログラム）
時間	s（秒）	温度	K（ケルビン）
電流	A（アンペア）	物質量	mol（モル）
光度	cd（カンデラ）		

これ以外の物理量はこの7種の組合わせで表すことができます．速度は$m\,s^{-1}$ですし，エネルギーの単位J（ジュール）は$m^2\,kg\,s^{-2}$となります．SI単位の組合わせでできる単位のことを**SI組立単位**といいます．Jのように固有の名前をもつ組立単位もあります．モル濃度$mol\,L^{-1}$やモル質量$g\,mol^{-1}$はSI組立単位ではないことに注意してください（それぞれ，m^3の代わりにL，kgの代わりにgを使っています）．

> **SI組立単位**　SI derived units

23・4 個数・回数は単位ではない

2011年3月11日の東日本大震災（東北地方太平洋沖地震）で，原子力発電所が被害を受け，放射性物質が大気中や海水に放出されました．このことをきっかけに，ベクレルBqやシーベルトSvという，あまり耳慣れなかった単位を聞く機会が増えています．

ベクレルもシーベルトもSI組立単位の一つで，

$$1\,Bq = 1\,s^{-1}$$
$$1\,Sv = 1\,J\,kg^{-1} = 1\,(m^2\,kg\,s^{-2})(kg^{-1}) = 1\,m^2\,s^{-2}$$

となります．物理的な意味はつぎの通りです．

　　Bq：放射能の単位．1秒間に他の原子に変わる放射性同位体の数．
　　Sv：線量当量の単位．生物へのダメージを表す．

ベクレルの使い方は簡単で，この値と放射性同位体の半減期（放射性同位体の数が半分になる時間）から，その時点での放射性同位体の数が計算できます．詳

> **放射能と放射線**：放射性同位体は別の原子に変わるとき，1回だけ放射線を出します．放射能は放射線を出す能力のことなので，ベクレルはその試料から1秒間に何回放射線が出るのかを表すことになります．

細は欄外に記しました．放射性同位体が他の原子に変わるときに，放射線が出ますから，放射能の単位になります．原子核の種類によって放出するエネルギーの値は違うので，放射能の量を完全に表すものではありません．

シーベルトは少し複雑で，物理的にはシーベルトよりもグレイ Gy という単位が意味をもちます．

　　Gy：吸収線量の単位．1 kg の物質に 1 J のエネルギーを与える放射線量．

放射線には，レントゲンに使われる X 線のほか，α 線，β 線，γ 線，中性子線などいろいろあり，それぞれ生物に与える影響度が違います．また，同じ生物でも器官によって放射線から受ける影響度が違います．よって，Gy にいろいろな係数を掛けて，生物や器官ごとに受ける放射線の影響度を Sv で表します．

この三つの単位のうち，Bq は，本来は〔個 s^{-1}〕とすべきところなのですが，残念ながら〔個〕を表す単位はないので，SI 単位では s^{-1} になります．同じ SI 単位 s^{-1} をもつものとして，振動数（SI 組立単位では Hz を使い，電磁波を扱うときに登場します）があります．しかし，この両者は単位が同じであっても物理的な意味は異なりますから比較してはいけません．振動数は，本来は〔回数 s^{-1}〕にすべきものですが，〔回数〕を表す単位もないので，結局は s^{-1} が残ります．

単位が異なる量同士を比較することはナンセンスですが，単位が同じだからといって，その量の大小を単純に比較できるものではありません．単位の背景にある物理的な意味が同じ場合のみ，量の比較ができます．

23・5　せっかくなので，放射線のことについて

　§23・4 で放射線を測定するときの単位について紹介したので，せっかくの機会ですから，ついでに放射性物質がどのくらいのエネルギーを放出するかを見てみましょう．材料としては，セシウム 137（^{137}Cs）に登場してもらいます．

^{137}Cs は半減期が 30.1 年で，バリウム 137（^{137}Ba）に変わります．1 個の ^{137}Cs が ^{137}Ba に変わる際，1.88×10^{-13} J のエネルギーを放出します．1.00 mg の ^{137}Cs がすべて ^{137}Ba に変わるまでに，827 kJ のエネルギーを放出します．この計算は，1.00 mg の ^{137}Cs は 7.30×10^{-6} mol であり，4.40×10^{18} 個であることからわかりますね．

$$\{1.88 \times 10^{-13} 〔J 個^{-1}〕\} \times \{4.40 \times 10^{18} 〔個〕\} = 8.27 \times 10^{5} 〔J〕 = 827 〔kJ〕$$

ちなみに，石炭（黒鉛）が 12 g（1 mol）燃えるときに放出されるエネルギーが 394 kJ ですから，わずか 1 mg の ^{137}Cs は 25 g の石炭と同じエネルギーを放出することになります．放射性同位体が放出するエネルギーの莫大さがわかります．ただし，^{137}Cs は半減期が 30.1 年なので，30.1 年かけて 827 kJ の半分の 414 kJ を放出します．つぎの 30.1 年後までにさらにその半分の 207 kJ を放出します．

放射性同位体の数：放射性同位体の個数（mol ではないことに注意）N は，計測された放射能の量を A Bq とすると，つぎの関係で求めることができます．

$$N = \frac{t_{1/2} \times A}{0.693}$$

ここで，$t_{1/2}$ は秒単位で表した**半減期**とよばれる量で，放射性同位体の種類によって決まった値となります．たとえば，半減期が 30.1 年（$=9.50 \times 10^{8}$ 秒）の ^{137}Cs が 1000 Bq ある，ということは，その測定を行った時点で ^{137}Cs が試料中に 1.37×10^{12} 個 $= 2.28 \times 10^{-12}$ mol あったことになります．質量に換算すれば 3.12×10^{-10} g です．

放射能が半分になる…：原子が他の原子に変わる過程で，エネルギーが放出されます．一つの原子が常時，放射線を出していて，その放射線の量が半分になるのが半減期ではありません．放射性同位体の原子が一つあり，それがいつ別の原子に変わるかは誰にも予測できません．ただし，その確率は半減期からわかります．一つの ^{137}Cs 原子が 1 秒以内に ^{137}Ba に変わる確率は 2.18×10^{-8}，30.7 年のうちに変わる確率は 0.5 です．この確率から，2.18×10^{8} 個の ^{137}Cs 原子があれば，そのうちのどれか 1 個が 1 秒のうちに放射線を放出することがわかります．

第24章 単位の変換

到達目標　m^2, cm^2, ha, km^2 はいずれも面積の次元をもつ単位ですが，計算するときには単位をどれか一つにそろえる必要があります．

24・1 単位をそろえよう

次元が同じでも，単位が違う量同士の計算では同じ単位にそろえる必要があります．L（リットル）は体積を表す単位です．日常生活ではLよりもその1/1000のmLの方が重宝されますし，化学や薬学ではmLのさらに1/1000のμLもよく使われます．

モル濃度を決める場合，溶液の体積が必要になります．そのとき，L，mL，μLが混在していると計算間違いをしてしまい，貴重な試料を無駄にしてしまうこともあります．このような間違いを無くすためには，"急がば回れ"で，めんどうでも

　　　　　計算を行うときには，必ず単位をそろえてから

にしましょう．化学ではモル濃度が最も使われますから，体積が出てきたら必ずLに直すくせをつけましょう．

24・2 異なる単位の換算

1 kg の肉と 1 lb（ポンド）の肉を合わせた場合の質量を求めるには，1 lb が何 kg に相当するかを知っていなければなりません．kg と lb の間には 1 lb ≈ 0.454 kg（換算係数 0.454 kg lb^{-1}）の関係があるので，

$$1\,kg + 1\,lb = 1\,kg + (0.454\,kg\,lb^{-1} \times 1\,lb)$$
$$= 1.454\,kg$$

と計算できます．同じような換算は，私たちが日常生活で無意識のうちに行っています（1 m = 100 cm とか，1 kg = 1000 g とか…）．次元は同じでも異なる単位の量同士の足し算・引き算では，どこかで単位をそろえておくことが必須になります．

単位の表し方：速度の単位を表すとき，m/秒とか m/s と書きますが，この書き方は複雑な単位を表すときに混乱をきたすことになります．つぎの例を見てください．

　　　100 m/s·kg

これでは 100 (m/s)·kg なのか 100 m/(s·kg) なのかがわかりません．後者を表すのに，

　　　100 m s^{-1} kg^{-1}

と書けば，紛らわしさは無くなります．

24・3 SI 接頭語

科学の世界では，非常に大きい量からとてつもなく小さい量までを扱います．しかし，目で見て瞬間的に数値の大小を把握できるのは，桁数が 4 桁くらいまででしょう．そこで，**SI 接頭語**を使うことになります．km の k や mm の m，μL の μ がそれです．1000 倍あるいは 1/1000 ごとに SI 接頭語は存在します．

SI 接頭語　SI prefix

接頭語	記号	倍 数	接頭語	記号	倍 数
ギガ	G	10^9 倍	ナノ	n	$1/10^9$
メガ	M	10^6 倍	マイクロ	μ	$1/10^6$
キロ	k	10^3 倍	ミリ	m	$1/10^3$

もっといっぱいありますが，以上を覚えておけば大丈夫です．なお，日常使っている cm の c（センチ）も $1/10^2$ を表す SI 接頭語です．天気予報で使われる hPa（ヘクトパスカル）の h（ヘクト）は 10^2 倍を表す SI 接頭語です．

24・4 計算は単位も一緒に

計算には計算間違いがつきものです．算数なら，検算するしかありません．しかし，科学計算には強い味方があります．それは扱っているのが物理量だからです．

物理量には，

> 等号の両側の単位は同じでなければならない
> 量の掛け算・割り算では単位の掛け算・割り算を伴う

という性質があります．このことを知っているだけで，どこで計算間違いをしているかがわかるようになる場合が多いのです．

したがって，計算を行う必要に迫られたら，ここでも"急がば回れ"，

> めんどうがらずに単位も書いて

数値とともに計算しましょう．

エピローグ

　薬学と医学の違いは何でしょうか？　薬剤師と医師の違いは何でしょうか？
　薬剤師は，くすりを名前ではなく化学構造で考え，その量を正確かつ安全に取扱うことができる専門家といえるでしょう．
　化学は実に奥の深い世界です．化学が嫌いな人の多くは，きっと化学構造式のもつ意味や化学反応式の表す意味を読み取ることができていないのでしょう．化学構造式からその分子のもつ性質を的確に読み取り，化学反応式に基づき化学物質を定量的に取扱う能力を身につけることができれば，化学をとても好きになれると思います．
　くすりのほとんどは有機化合物です．ですから，薬学部を卒業してくすりの専門家になるためには，化学の勉強は避けて通れません．
　高等学校までの化学で登場する有機化合物の構造と名前は 100 個程度のものでしょう．また，化学反応式も数少ないものです．これくらいなら力業（＝暗記）でしのぐことができます．しかし，この世界にこれまでに登場した有機化合物は一千万とも二千万ともいわれており，それらがかかわる化学反応式も無数に近いものになります．こうなると力業でしのぐことは不可能です．
　そこで，本書では高等学校で学ぶ範囲の化学について，その理論的な側面に焦点を当て，大学での本格的な講義を前に身につけておいてもらいたい定量的な考え方の基本をていねいに解説したつもりです．暗記に頼るのではなく，化学物質や化学反応を理屈でとらえるトレーニングになるようにしたつもりです．わかりやすさを前面に立てたので，サイエンスとしての正確さは二の次にしました．それは，皆さんが後学年になり，より深い知識を身につけるときに修正してください．
　化学は複雑そうに見えますが，意外なほど単純です．膨大な物質の数がその単純さを隠しているだけです．化学は理論的に組立てられていることを早く理解できるようになりましょう．それと同時に，化学の共通言語である化学構造式にも慣れるようにしましょう．理論がある程度わかり，構造式に拒絶反応が無くなれば，化学の知識は芋づる式に（指数関数的に）増えていきます．はじめは苦しいと思います．しかし，くすりに携わる職に就くのであれば，必要なことです．
　現在，医療現場ではチーム医療が主流になりつつあります．医師，看護師，薬剤師，検査技師などが一つのチームをつくり，患者の治療に当たるというものです．チームの中で，薬剤師には化学物質としてのくすりの取扱いや作用を的確に説明する役割が求められるのは当然のことでしょう．薬学に携わる者は，化学物質のエキスパートです．そこを目指して，勉強してください．

確認テストの解答例*

第1章
1. ネオンは原子番号 10 なので，Ne 原子の陽子は 10 個，電子も 10 個．
2. 炭素は原子番号 6 なので，C 原子の陽子は 6 個，電子も 6 個．
3. 塩素は原子番号 17 なので，Cl^- イオンの陽子は 17 個，電子は 18 個．
4. 亜鉛は原子番号 30 なので，Zn^{2+} イオンの陽子は 30 個，電子は 28 個．
5. 陽子の数が 24 個なら原子番号は 24 なので，元素名はクロム（Cr）．元素の種類に電子数は無関係で，クロムイオン（Cr^{6+}）になっている．

第2章
1. ^2H は原子番号 1，質量数 2 なので，陽子は 1 個，中性子は 1 個．
   ^{56}Fe は原子番号 26，質量数 56 なので，陽子は 26 個，中性子は 30 個．
   ^{238}U は原子番号 92，質量数 238 なので，陽子は 92 個，中性子は 146 個．
2. 核種質量は ^{12}C の質量（1.993×10^{-26} kg）を 12 としたものなので，^{14}N の核種質量を x とすると，
$$1.993 \times 10^{-26} \text{ kg} : 12 = 2.326 \times 10^{-26} \text{ kg} : x \longrightarrow x = 14.01$$
3. ^{35}Cl の存在割合が 0.7578 なので，^{37}Cl の存在割合は $1-0.7578=0.2422$．
$$34.97 \times 0.7578 + 36.97 \times 0.2422 = 35.45$$
4. ^{79}Br の存在割合を x とすると，^{81}Br の存在割合は $1-x$．
$$78.92 \times x + 80.92 \times (1-x) = 79.90 \longrightarrow x = 0.5100$$
   よって，$^{79}Br : {}^{81}Br = 51 : 49$

第3章 原子量は以下の値を用いた：C 12.01，H 1.01，N 14.01，O 16.00，Mg 24.31，Cl 35.45，K 39.10，Fe 55.85．
1. $CH_4 \cdots C \times 1 + H \times 4 = 12.01 \times 1 + 1.01 \times 4 = 16.05$
2. $OH^- \cdots O \times 1 + H \times 1 = 16.00 \times 1 + 1.01 \times 1 = 17.01$
3. $H_2NCH_2COOH \cdots C \times 2 + H \times 5 + N \times 1 + O \times 2 = 24.02 + 5.05 + 14.01 + 32.00 = 75.08$
4. "酢酸＋エタノール－水"なので，それぞれの分子量より $60.06 + 46.08 - 18.02 = 88.12$．
5. $KCl \cdots K \times 1 + Cl \times 1 = 74.55$
6. $MgCl_2 \cdots Mg \times 1 + Cl \times 2 = 95.21$
7. $K_4[Fe(CN)_6] \cdots C \times 6 + N \times 6 + K \times 4 + Fe \times 1 = 368.4$

第4章
1. C，O_2，CO_2 の係数は 1：1：1 なので，C 1 mol に対し O_2 1 mol が反応し，1 mol の CO_2 が発生するので，2 mol の C なら 2 mol の O_2 が反応し，2 mol の CO_2 が発生する．
2. CH_4，O_2，CO_2，H_2O の係数は 1：2：1：2，H_2O を基準にすると，0.5：1：0.5：1 なので，1 mol の H_2O が生成するには CH_4 が 0.5 mol，O_2 が 1 mol，CO_2 が 0.5 mol になる．
3. Na_2SO_4 は Na^+ 2 個と SO_4^{2-} 1 個を最小単位とする組成式なので，Na_2SO_4 1 mol の中には Na^+ が 2 mol，SO_4^{2-} が 1 mol ある．
4. 水（H_2O）1.000 mol の質量は 18.02 g，エタノール（C_2H_6O）1.000 mol の質量は 46.08 g．よって，エタノールの方が大きい．

---

* 原子量が与えられていない場合，用いる原子量の値と丸め誤差により計算結果が微妙に異なります．

5. グルコースは $C_6H_{12}O_6$ なので，グルコース 1 mol の中には C 原子 6 mol, H 原子 12 mol, O 原子 6 mol が含まれる．
6. NaCl は水中で Na^+ と Cl^- に完全に解離すると考えると，NaCl 1 mol から Na^+ が 1 mol, Cl^- が 1 mol 生成するので，水 50 mol とあわせて溶液全体は 52 mol になる．

第 5 章

1. 水のモル質量 18.02 g mol^{-1} より 2.50 mol×18.02 g mol^{-1}＝45.1 g.
2. グルコースのモル質量 180.2 g mol^{-1} より，0.250 mol×180.2 g mol^{-1}＝45.1 g.
3. 水 50 g は，50 g : x mol＝18.02 g : 1 mol より x＝2.775 mol.
   エタノール 50 g は，50 g : y mol＝46.08 g : 1 mol より y＝1.085 mol.
   モル比は分子数比になるので，分子数の比は 2.775 : 1.085.
4. NaCl 1.00 mg は，0.001 g : x mol＝58.44 g : 1 mol より x＝1.711×10^{-5} mol.
   NaCl 1 mol には Na^+ が 1 mol 含まれるので，Na^+ は 1.711×10^{-5} mol 含まれる．
   1 mol は 6.022×10^{23} 個なので，6.022×10^{23} 個 : 1 mol＝y 個 : 1.711×10^{-5} mol より，y＝1.03×10^{19} 個．
5. グルコース 1.802 g は 0.01000 mol, グルコースの燃焼反応の化学種のモル比は $C_6H_{12}O_6$: O_2 : CO_2 : H_2O＝1 : 6 : 6 : 6 なので，$C_6H_{12}O_6$ 0.0100 mol に対応する O_2, CO_2, H_2O は同じで 0.0600 mol.

$$O_2:\ \ 0.0600 \text{ mol} \times 32.00 \text{ g mol}^{-1} = 1.920 \text{ g}$$
$$CO_2:\ 0.0600 \text{ mol} \times 44.01 \text{ g mol}^{-1} = 2.641 \text{ g}$$
$$H_2O:\ 0.0600 \text{ mol} \times 18.02 \text{ g mol}^{-1} = 1.081 \text{ g}$$

6. 分子数の比はモル比と同じなので，グルコース 1 個につき水 100 個なら，グルコース 0.250 mol に対し，水は 0.250 mol×100＝25.0 mol 必要．

$$25.0 \text{ mol} \times 18.02 \text{ g mol}^{-1} = 451 \text{ g}$$

7. 圧力が 1 気圧，温度が 0 ℃ で，気体の 1 mol の体積は 22.4 L.

$$1 \text{ mol} : 22.4 \text{ L} = 0.5 \text{ mol} : x \text{ L} \longrightarrow x = 11.2 \text{ L}$$

第 6 章

1. モル分率は全体のモル数に対する溶質（または溶媒）のモル数なので，溶質のモル分率が 0.5 なら，溶媒のモル分率も 0.5. よって，モル比は 1 : 1.
2. 溶質のモル分率が 0.1 なら，溶媒のモル分率は 1−0.1＝0.9.
3. （容量）モル濃度
4. 水 100 g は 100 g/18.02 g mol^{-1}＝5.55 mol. エタノール 100 g は 100 g/46.08 g mol^{-1}＝2.17 mol. よって，溶液全体は 5.55 mol＋2.17 mol＝7.72 mol. 分子数の比はモル比と等しいから，エタノール分子の割合は 2.17 mol/7.72 mol＝0.281.
5. メタノールと水の質量をそれぞれ x g, y g とすると，全体の質量は 100 g より

$$x \text{ g} + y \text{ g} = 100 \text{ g} \tag{1}$$

メタノールのモル数は x g/32.05 g mol^{-1}，水のモル数は y g/18.02 g mol^{-1} なので，x g/32.05 g mol^{-1}＋y g/18.02 g mol^{-1} が溶液全体のモル数．メタノールのモル分率が 0.360 であるから，

$$\frac{x \text{ g}/32.05 \text{ g mol}^{-1}}{x \text{ g}/32.05 \text{ g mol}^{-1} + y \text{ g}/18.02 \text{ g mol}^{-1}} = 0.360 \tag{2}$$

式1と式2の連立方程式を解くと，$x=50.0$ g が得られる．$y=100$ g-50.0 g$=50.0$ g.

6. 電離度は［安息香酸イオン］/（［安息香酸分子］+［安息香酸イオン］）なので，電離度が 0.05 なら，［安息香酸分子］：［安息香酸イオン］$=19:1$．同じ溶液内のことゆえ，体積は同じだから，モル比も $19:1$．

第7章

1. モル濃度＝溶質のモル数/溶液の体積〔リットル〕より 1.00 mol$/2.00$ L$=0.500$ mol L^{-1}．

2. 2.50 mmol$=2.50\times10^{-3}$ mol，100 mL$=0.100$ L．よってモル濃度は 2.50×10^{-3} mol$/0.100$ L$=0.0250$ mol L^{-1} (25.0 mmol L^{-1})．

3. 1.67 nmol$=1.67\times10^{-9}$ mol，25.0 μL$=2.50\times10^{-5}$ L．よってモル濃度は (1.67×10^{-9} mol)/(2.50×10^{-5} L)$=6.68\times10^{-5}$ mol L^{-1} (66.8 μmol L^{-1})．

4. 上記 3 の溶液 10.0 μL 中には 6.68×10^{-5} mol L$^{-1}\times1.00\times10^{-5}$ L$=6.68\times10^{-10}$ mol のグルコースが含まれる．これが全体積 0.250 mL$=2.50\times10^{-4}$ L にあるので，6.68×10^{-10} mol$/2.50\times10^{-4}$ L$=2.67\times10^{-6}$ mol L^{-1} (2.67 μmol L^{-1})．
   別法：溶液の体積を 10.0 μL から 0.250 mL$=250$ μL にしたので，250 μL$/10.0$ μL$=25.0$ 倍に希釈したことになる．よって希釈後のモル濃度は 6.68×10^{-5} mol L$^{-1}/25.0=2.67\times10^{-6}$ mol L^{-1}．

5. 28.0 w/w% のアンモニア水 100 g 中にはアンモニアが 100 g$\times0.280=28.0$ g 含まれる．28.0 g のアンモニアは 28.0 g$/17.04$ g mol$^{-1}=1.64$ mol．一方，アンモニア水 100 g の体積は 100 g$/0.900$ g mL$^{-1}=111$ mL$=0.111$ L．よって，モル濃度は 1.64 mol$/0.111$ L$=14.8$ mol L^{-1}．アンモニア水 100 g 中に水は $100-28.0=72.0$ g 含まれる．72.0 g の水は 72.0 g$/18.02$ g mol$^{-1}=4.00$ mol．よってアンモニアのモル分率は $1.64/(1.64+4.00)=0.29$．

第8章

1. 反応物と生成物より仮の式を書き，C，H，O の個数を数える．

$$CH_4 + O_2 \longrightarrow CO_2 + H_2O$$
   {C, H, O}の個数　　{1, 4, 2}　　　　　{1, 2, 3}

H$_2$O を 2 倍すると，

$$CH_4 + O_2 \longrightarrow CO_2 + 2\,H_2O$$
   {C, H, O}の個数　　{1, 4, 2}　　　　　{1, 4, 4}

O$_2$ を 2 倍すると

$$CH_4 + 2\,O_2 \longrightarrow CO_2 + 2\,H_2O$$
   {C, H, O}の個数　　{1, 4, 4}　　　　　{1, 4, 4}

よって，求める反応式は

$$CH_4 + 2\,O_2 \longrightarrow CO_2 + 2\,H_2O$$

2. 反応物と生成物より仮の式を書き，C，H，O の個数を数える．

$$CH_3OH + O_2 \longrightarrow CO_2 + H_2O$$
   {C, H, O}の個数　　{1, 4, 3}　　　　　{1, 2, 3}

H$_2$O を 2 倍すると，

$$CH_3OH + O_2 \longrightarrow CO_2 + 2\,H_2O$$
   {C, H, O}の個数　　{1, 4, 3}　　　　　{1, 4, 4}

O$_2$ を 3/2 倍すると

$$CH_3OH + \frac{3}{2}O_2 \longrightarrow CO_2 + 2\,H_2O$$
   {C, H, O}の個数　　{1, 4, 4}　　　　　{1, 4, 4}

よって，求める反応式は

$$CH_3OH + \frac{3}{2}O_2 \longrightarrow CO_2 + 2H_2O$$

3. 反応物と生成物より仮の式を書き，C, H, O の個数を数える.

$$C_8H_{18} + O_2 \longrightarrow CO_2 + H_2O$$

{C, H, O}の個数　　{8, 18, 2}　　　　　{1, 2, 3}

CO_2 を8倍すると，

$$C_8H_{18} + O_2 \longrightarrow 8CO_2 + H_2O$$

{C, H, O}の個数　　{8, 18, 2}　　　　　{8, 2, 17}

H_2O を9倍すると

$$C_8H_{18} + O_2 \longrightarrow 8CO_2 + 9H_2O$$

{C, H, O}の個数　　{8, 18, 2}　　　　　{8, 18, 25}

O_2 を 25/2 倍すると

$$C_8H_{18} + \frac{25}{2}O_2 \longrightarrow 8CO_2 + 9H_2O$$

{C, H, O}の個数　　{8, 18, 25}　　　　　{8, 18, 25}

よって，求める反応式は

$$C_8H_{18} + \frac{25}{2}O_2 \longrightarrow 8CO_2 + 9H_2O$$

4. 反応物と生成物より仮の式を書き，H, O の個数を数える.

$$H_2O_2 \longrightarrow H_2O + O_2$$

{H, O}の個数　　{2, 2}　　　　{2, 3}

O_2 を 1/2 倍にすると

$$H_2O_2 \longrightarrow H_2O + \frac{1}{2}O_2$$

{H, O}の個数　　{2, 2}　　　　{2, 2}

よって，求める反応式は

$$H_2O_2 \longrightarrow H_2O + \frac{1}{2}O_2$$

第9章

1. $C_2H_4 + H_2 \longrightarrow C_2H_6$ よりエテン（エチレン）1 mol と H_2 1 mol とが反応してエタン 1 mol が生成する．H_2 のモル体積は 25 ℃ で 24.5 L mol^{-1} であるから，2.45 L の H_2 は 2.45 L/24.5 L mol^{-1}=0.100 mol．よって，H_2 0.100 mol と反応するのは 0.100 mol のエチレンで，生成するのは 0.100 mol のエタン．エテン（エチレン）0.100 mol は 0.100 mol×28.06 g mol^{-1}=2.81 g，エタン 0.100 mol は 0.100 mol×30.08 g mol^{-1}=3.01 g．

2. $C_8H_{18} + \frac{25}{2}O_2 \longrightarrow 8CO_2 + 9H_2O$ よりイソオクタン C_8H_{18} 1 mol と反応する O_2 は 12.5 mol，生成する CO_2 と H_2O はそれぞれ 8 mol と 9 mol である．C_8H_{18} 0.500 L（500 mL）の質量は 500 mL×0.690 g mL^{-1}=345 g，C_8H_{18} 345 g は 345 g/114.3 g mol^{-1}=3.02 mol．よって，発生する CO_2 と H_2O はそれぞれ 3.02 mol×8=24.2 mol，3.02 mol×9=27.2 mol．CO_2 24.2 mol は 24.2 mol×44.01 g mol^{-1}=1065 g=1.07 kg．H_2O 27.2 mol は 27.2 mol×18.02 g mol^{-1}=490 g=0.490 kg．

3. O_2 と CO_2 の 0 ℃ におけるモル体積は 22.4 L mol^{-1} なので，消費される O_2 の体積は 3.02 mol×12.5×22.4 L mol^{-1}=846 L（500 mL のペットボトル 1692 本分）．発生する CO_2 の体積は 3.02 mol×8×22.4 L mol^{-1}=541 L（500 mL のペットボトル 1082 本分）．

4. $H_2 + \frac{1}{2}O_2 \longrightarrow H_2O$ の反応で H_2 1 mol から 237 kJ の電気エネルギーを取出せる．1.00 L（25 ℃）の H_2 は 1.00 L/24.5 L mol^{-1}=0.0408 mol なので，0.0408 mol の H_2 が反応する

ことで取出せる電気エネルギーは $0.0408\ \mathrm{mol} \times 237\ \mathrm{kJ\ mol^{-1}} = 9.67\ \mathrm{kJ}$.

第10章

1. $[A]_{eq} = [B]_{eq}$
2. 平衡状態では $[A]_{eq} = [B]_{eq}$ なので，$[A] = 0$ から始まるとすれば A が生成する方向（左向き）に進行する．
3. $K = [B]_{eq}/[A]_{eq} = 1000$ より $[B]_{eq} = 1000 \times [A]_{eq}$
4. 平衡状態では B は A の1000倍の濃度（体積が同じならモル数）が必要なので，$[A] = [B]$ の条件から始まるとすれば，B を増やす方向（右向き）に進行する．
5. $K = ([C]_{eq}[D]_{eq})/([A]_{eq}[B]_{eq}) = 10$ より，$[C]_{eq} \times [D]_{eq} = 10 \times [A]_{eq} \times [B]_{eq}$
6. 平衡状態では $K = ([C]_{eq}[D]_{eq})/([A]_{eq}[B]_{eq}) = 10$ になる．問題の濃度で $([C][D])/([A][B])$ を求めると，$(0.1 \times 0.1)/(1 \times 0.1) = 0.1$ となる．よって，平衡状態になるには $[C] \times [D]$ が大きく，$[A] \times [B]$ は小さくなる必要があり，正反応（C と D を増やす方向）に進行する．

第11章

1. H_2O（塩基）$+ HCl$（酸）$\rightleftharpoons H_3O^+$（酸）$+ Cl^-$（塩基）となるので Cl^- は HCl の共役塩基（共役酸・塩基の関係を特に意識しない場合は，反応式の両辺から H_2O を取去り，$HCl \rightleftharpoons H^+ + Cl^-$ とするのが一般的）
2. $NaOH$（塩基）$\rightleftharpoons Na^+$（酸）$+ OH^-$（塩基）となるので Na^+ は NaOH の共役酸
3. H_3O^+ の共役塩基
4. NH_3（塩基）$+ H_2O$（酸）$\rightleftharpoons NH_4^+$（酸）$+ OH^-$（塩基）となるので NH_3 は NH_4^+ の共役塩基，NH_4^+ は NH_3 の共役酸．H_2O は OH^- の共役酸，OH^- は H_2O の共役塩基．
5. 1段階目の酸解離平衡は $H_2SO_4 + H_2O \rightleftharpoons H_3O^+ + HSO_4^-$ と書けるから，H_2SO_4（共役酸）$- HSO_4^-$（共役塩基），H_3O^+（共役酸）$- H_2O$（共役塩基）．
   2段階目の酸解離平衡は $HSO_4^- + H_2O \rightleftharpoons H_3O^+ + SO_4^{2-}$ と書けるから，HSO_4^-（共役酸）$- SO_4^{2-}$（共役塩基），H_3O^+（共役酸）$- H_2O$（共役塩基）．

第12章

1. $[OH^-]_{eq} = K_w/[H^+]_{eq} = (1.00 \times 10^{-14}\ \mathrm{mol^2\ L^{-2}})/(1.00 \times 10^{-4}\ \mathrm{mol\ L^{-1}}) = 1.00 \times 10^{-10}\ \mathrm{mol\ L^{-1}}$.
2. $[OH^-]_{eq} = K_w/[H^+]_{eq} = (1.00 \times 10^{-14}\ \mathrm{mol^2\ L^{-2}})/(2.00\ \mathrm{mol\ L^{-1}}) = 5.00 \times 10^{-15}\ \mathrm{mol\ L^{-1}}$.
3. 塩酸に含まれる HCl はすべて H^+ と Cl^- に解離しているとすると，$[H^+]_{eq} = [HCl]_0 = 0.010\ \mathrm{mol\ L^{-1}}$．$[OH^-]_{eq} = K_w/[H^+]_{eq} = (1.0 \times 10^{-14}\ \mathrm{mol^2\ L^{-2}})/(0.010\ \mathrm{mol\ L^{-1}}) = 1.0 \times 10^{-12}\ \mathrm{mol\ L^{-1}}$.
4. H_2SO_4 は強酸で，1分子から H^+ を1個放出する．一方，生じる HSO_4^- は弱酸なので，$[H^+] = 1.0\ \mathrm{mol\ L^{-1}}$ の条件下では H^+ の放出は無視できるので，$1.0\ \mathrm{mol\ L^{-1}}$ の硫酸水溶液中の $[H^+]$ はほぼ $1.0\ \mathrm{mol\ L^{-1}}$ と考えられる．
5. §12・3の考え方を利用し，$K_a = ([H^+]_{eq}[CH_3COO^-]_{eq})/[CH_3COOH]_{eq} = x^2/(0.0100 - x) = 1.78 \times 10^{-5}$ を解くと，$x = 4.13 \times 10^{-4}\ \mathrm{mol\ L^{-1}}$ が得られる．電離度 $= (4.13 \times 10^{-4}\ \mathrm{mol\ L^{-1}})/(0.0100\ \mathrm{mol\ L^{-1}}) = 0.0413$.

第13章

1. $\mathrm{pH} = -\log[H^+] = -\log(1.0 \times 10^{-3}) = 3.0$
2. $\mathrm{pH} = -\log[H^+] = -\log(2.0 \times 10^{-3}) = 3.0 - \log 2 = 3.0 - 0.30 = 2.7$
3. $[H^+] = K_w/[OH^-] = (1.0 \times 10^{-14}\ \mathrm{mol^2\ L^{-2}})/(2.0 \times 10^{-3}\ \mathrm{mol\ L^{-1}}) = 5.0 \times 10^{-12}\ \mathrm{mol\ L^{-1}}$
   $\mathrm{pH} = -\log[H^+] = -\log(5.0 \times 10^{-12}) = 12.0 - \log 5 = 12.0 - 0.70 = 11.3$
4. $\mathrm{pH} = -\log[H^+] = -\log(1.5) = -0.18$. 定義より $\mathrm{pH} = -\log[H^+]$ なので，$[H^+] > 1\ \mathrm{mol\ L^{-1}}$ のときには pH は負の値になる．逆に，$[OH^+] > 1\ \mathrm{mol\ L^{-1}}$ のときには pH は

14 以上になる．

5. $[H^+]=10^{-pH}=10^{-5.3}=5.0\times10^{-6}$ mol L^{-1}
$[OH^-]=K_w/[H^+]=(1.0\times10^{-14}$ mol^2 L^{-2})/(5.0$\times10^{-6}$ mol L^{-1})$=2.0\times10^{-9}$ mol L^{-1}

6. 中性とは$[H^+]=[OH^-]$の状態のことであり，$K_w=[H^+][OH^-]=[H^+]^2=3.0\times10^{-14}$ mol^2 L^{-2} より $[H^+]=1.7\times10^{-7}$ mol L^{-1}．pH$=-\log[H^+]=-\log(1.7\times10^{-7})=6.8$．
$[OH^-]=[H^+]=1.7\times10^{-7}$ mol L^{-1}．

第 14 章

1. 水のイオン積は定数なので $[H^+][OH^-]=1\times10^{-14}$ mol^2 L^{-2} を保っている．
2. HCl から生じる H$^+$ が NH$_3$ に結合する．HCl$+$NH$_3\rightleftharpoons$NH$_4^+$$+Cl^-$
3. H$_3$PO$_4$$+$NaOH$\rightleftharpoons$H$_2O+Na^+$$+H_2PO_4^-$；H$_3PO_4$ は 3 価の酸なので，H$_3$PO$_4$ に対して 1 当量の NaOH を用いると H$_2$PO$_4^-$ が生じる．
4. H$_2$PO$_4^-$$+$NaOH$\rightleftharpoons$H$_2O+Na^+$$+HPO_4^{2-}$ を上式に加えて
H$_3$PO$_4$$+$2NaOH$\rightleftharpoons$2H$_2O+$2Na$^+$$+HPO_4^{2-}$
5. Na$_2$CO$_3$$+HCl\rightleftharpoons$2Na$^+$$+Cl^-$$+HCO_3^-$；Na$_2CO_3$ は 2 価の塩基なので，1 当量の HCl を用いると HCO$_3^-$ (H$^+$$+CO_3^{2-}$) が生じる．

第 15 章

1. 10 mL までは §15・1 参照．11 mL 以降は，過剰の $[OH^-]$ をもとに計算するとよい．

$$[OH^-]=\frac{\text{加えられたOH}^-\text{のモル数}-\text{中和されたH}^+\text{のモル数}}{\text{体　積}}$$

で計算できる．中和された H$^+$ のモル数はもともとあった HCl 由来なので，0.100 mol L^{-1}$\times$0.100 L$=$0.0100 mol．

NaOH 水溶液の添加体積〔mL〕	過剰の OH$^-$〔mol〕	体積〔L〕	$[H^+]$〔mol L^{-1}〕	$[OH^-]$〔mol L^{-1}〕	pH
11.0	0.00100	0.111	1.11×10^{-12}	9.01×10^{-3}	12.0
12.0	0.00200	0.112	5.60×10^{-13}	1.79×10^{-2}	12.3
13.0	0.00300	0.113	3.77×10^{-13}	2.66×10^{-2}	12.4
14.0	0.00400	0.114	2.85×10^{-13}	3.51×10^{-2}	12.5
15.0	0.00500	0.115	2.30×10^{-13}	4.34×10^{-2}	12.6
16.0	0.00600	0.116	1.93×10^{-13}	5.17×10^{-2}	12.7
17.0	0.00700	0.117	1.67×10^{-13}	5.98×10^{-2}	12.8
18.0	0.00800	0.118	1.48×10^{-13}	6.78×10^{-2}	12.8
19.0	0.00900	0.119	1.32×10^{-13}	7.56×10^{-2}	12.9
20.0	0.01000	0.120	1.20×10^{-13}	8.33×10^{-2}	12.9

2.

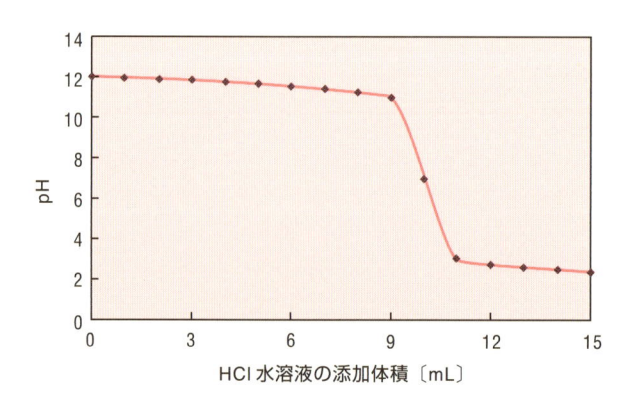

3.

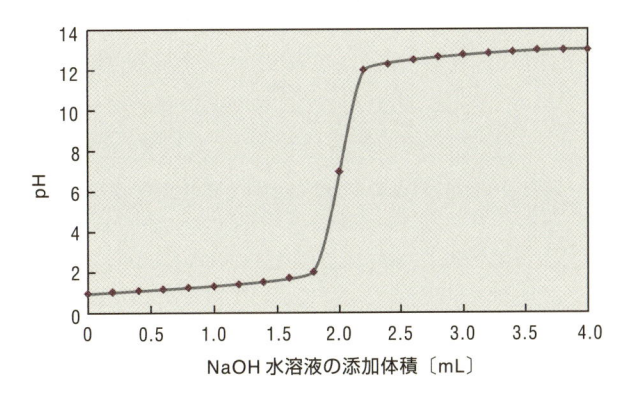

(グラフ: NaOH水溶液の添加体積〔mL〕に対するpH変化の滴定曲線。0〜約1.8 mLでpHは約1付近で緩やかに上昇し、2.0 mL付近で急激に上昇して12付近に達し、その後4.0 mLまで緩やかに13程度まで上昇する。)

4. pHが大きく変化している中点が当量点なので，3の滴定曲線より，当量点のpHは7.00，体積は2.00 mL.

第16章

1.
$$pH = pK_a + \log\frac{[共役塩基]}{[共役酸]} = pK_a + \log\frac{[CH_3COOH^-]}{[CH_3COOH]}$$

$$3.75 = 4.75 + \log\frac{[CH_3COO^-]}{[CH_3COOH]} \quad \text{より} \quad -1 = \log\frac{[CH_3COO^-]}{[CH_3COOH]}$$

$$\frac{[CH_3COO^-]}{[CH_3COOH]} = 10^{-1} = 0.1 = \frac{1}{10}$$

$$[CH_3COOH]:[CH_3COO^-] = 10:1$$

2.
$$pH = pK_a + \log\frac{[共役塩基]}{[共役酸]} = pK_a + \log\frac{[B(OH)_4^-]}{[B(OH)_3]}$$

$$8.94 = 9.24 + \log\frac{[B(OH)_4^-]}{[B(OH)_3]} \quad \text{より} \quad -0.3 = \log\frac{[B(OH)_4^-]}{[B(OH)_3]}$$

$$\frac{[B(OH)_4^-]}{[B(OH)_3]} = 10^{-0.3} = 0.50 = \frac{1}{2}$$

$$[B(OH)_3]:[B(OH)_4^-] = 2:1$$

3.
$$pH = pK_a + \log\frac{[共役塩基]}{[共役酸]} = 4.75 + \log\frac{[CH_3COO^-]}{[CH_3COOH]}$$

$$= 4.75 + \log\frac{4}{1} = 4.75 + \log 4$$

$$= 5.35$$

4.
$$H_2SO_4 \rightleftharpoons HSO_4^- + H^+, \quad pK_{a1} < 0 \quad (1)$$
$$HSO_4^- \rightleftharpoons SO_4^{2-} + H^+, \quad pK_{a2} = 1.99 \quad (2)$$

硫酸の塩基による中和でははじめに式1の平衡で生じるH^+が中和されるので，H_2SO_4に対して1当量のNaOHを加えた時点では，H_2SO_4が消費され，HSO_4^-が生成している．ここにさらに0.5当量のNaOHを加えると，生じているHSO_4^-の約半量がSO_4^{2-}になる．よって，溶液中のH_2SO_4，HSO_4^-，SO_4^{2-}のモル比は0：1：1になっており，pH＝pK_a＋log（[共役塩基]/[共役酸]）の関係からpH≈pK_{a2}になる．よって，pHはほぼ2となる．

第17章

1. メチルオレンジのpK_aは3.46．溶液の色が赤なら，赤色の酸形（共役酸）が90％以上になっていると考えると，pHは2.5以下と推定できる．

2. フェノールフタレインのpK_aは9.7．フェノールフタレインの場合は，酸形（共役酸）が無色なので，赤紅色の塩基形（共役塩基）がある程度（20％程度以上）存在するなら溶液の

色が明瞭に赤く見えるとすれば，pH＝pK_a＋log(20/80)＝9.1 となる．
3. 平衡式は下の二つで，いずれも平衡は生成物側に偏っている．

$$\text{EDTA(無色)} + \text{Mg}^{2+}\text{(無色)} \rightleftharpoons \text{EDTA}\cdot\text{Mg}^{2+}\text{(無色)} \quad (1)$$
$$\text{EBT(青)} + \text{Mg}^{2+}\text{(無色)} \rightleftharpoons \text{EBT}\cdot\text{Mg}^{2+}\text{(赤)} \quad (2)$$

EDTA を加える前の水溶液中は式 2 の平衡のみなので，少量の EBT・Mg^{2+} と多量の Mg^{2+} があり，EBT はほとんど存在しないので，その色は赤色である．ここに EDTA を加えると式 1 の平衡により EDTA・Mg^{2+} が形成されるが，水溶液中に Mg^{2+} が存在するうちは EBT・Mg^{2+} も形成されているので，溶液の色は赤のままである．しかし，EDTA により水溶液中の Mg^{2+} が消費されると，式 2 の平衡が左に移動し EBT（と Mg^{2+}）が生成するため，水溶液の色は赤から青に変わる．

第 18 章

1. 電子を受け取っているので還元反応
2. 電子を放出しているので酸化反応
3. 電子を放出しているので酸化反応
4. $E°$ の低い半電池反応からは小さいエネルギーで電子を奪うことができ，$E°$ の高い半電池反応から電子を奪うには大きなエネルギーが必要．よって $E°$ の低い半電池反応の方が酸化反応は進行しやすい．
5. $E°$ の低い半電池反応から生じる電子はエネルギーが大きく，$E°$ の高い半電池反応から生じる電子はエネルギーが小さい．大きなエネルギーをもつ電子ほど還元する能力が高いので，$E°$ の低い半電池反応から生じる電子の方が還元能力が高い．

第 19 章

1. イオン全体の酸化数 $-\text{II}$，O の酸化数 $-\text{II} \times 7$ なので，Cr の酸化数を x とすると，$-2 = -14 + 2x$ より $x = +\text{VI}$
2. いずれも中性分子なので，酸化数は分子全体で 0，H が $+\text{I}$，O が $-\text{II}$ のルールを適用すると，HCHO の C は 0，HCOOH の C は $+\text{II}$，CH_3OH の C は $-\text{II}$ になる．
3. 酸化数が増加するということは，原子が電子を失うことを示している．電子を受け取る反応が還元反応なので，酸化数が増加する原子は酸化されている（酸化状態が高くなる）といえる．
4. 2 の答えより，C の酸化数は HCHO→HCOOH で 0→$+\text{II}$ へと増えているので，この反応は酸化反応である．
5. H−O−O−H は中性分子なので，原子の酸化数の和は 0．O は電気陰性度の小さい H 原子と結合しているので，この部分だけで考えると酸化数は $-\text{I}$．一方，O−O 結合は電気陰性度が同じ O 原子であり，結合内での電子の偏りはなく分極していない．よって，この部分の酸化数は 0．合計すると，O 原子の酸化数は $-\text{I}$ となる．
6. H 原子は Na 原子よりも電気陰性度が大きく，Na-H 結合では，電子は H 側に引きつけられている．よって，H の酸化数は $-\text{I}$ となる．

第 20 章

1. 酸化剤は Au^+（自身は還元され Au になる），還元剤は K（自身は酸化され K^+ になる）．

2. 酸化剤は Au^+(自身は還元され Au になる), 還元剤は Cu(自身は酸化され Cu^{2+} になる).
3. Fe^{2+} から生じる電子が Ce^{4+} を還元するので酸化剤 Ce^{4+}, 還元剤 Fe^{2+}.
4. 問題 3 の逆反応であるから, Ce^{3+} から生じる電子が Fe^{3+} を還元するので酸化剤 Fe^{3+}, 還元剤 Ce^{3+}.
5. $Fe^{3+} + e^- \rightleftharpoons Fe^{2+}$ の半電池反応 ($E° = +0.771$ V)
 (Ce^{4+}/Ce^{3+} の半電池反応は $E° = +1.74$ V)

第21章

1. I_2 の中の I 原子の酸化数は 0, I^- の酸化数は $-I$ なので, I 原子一つ当たり一つの電子を $I_2 \longrightarrow 2I^-$ の反応式の I_2 側に足すと, $I_2 + 2e^- \rightleftharpoons 2I^-$

2. Cr の収支より
$$Cr_2O_7^{2-} \rightleftharpoons 2Cr^{3+}$$
$Cr_2O_7^{2-}$ の中の Cr 原子の酸化数は $+VI$, Cr^{3+} の酸化数は $+III$ なので, Cr 原子一つ当たり三つの電子を左辺に加える.
$$Cr_2O_7^{2-} + 6e^- \rightleftharpoons 2Cr^{3+}$$
O 原子の数を合わせるために, 右辺に $7H_2O$ を加える.
$$Cr_2O_7^{2-} + 6e^- \rightleftharpoons 2Cr^{3+} + 7H_2O$$
H 原子の数を合わせるために左辺に $14H^+$ を加える.
$$Cr_2O_7^{2-} + 14H^+ + 6e^- \rightleftharpoons 2Cr^{3+} + 7H_2O$$
両辺の電荷は左辺が $(-2)+14\times(+1)+6\times(-1) = +6$, 右辺が $2\times(+3) = +6$ で一致している.

3. 問題 1 の式を 3 倍して問題 2 の式から引くと
$Cr_2O_7^{2-} + 14H^+ + 6I^- \rightleftharpoons 2Cr^{3+} + 3I_2 + 7H_2O$

4. $CH_3CHO \rightleftharpoons CH_3COOH$ の反応を考えると, CH_3CHO のアルデヒド炭素の酸化数は $+I$, CH_3COOH のカルボキシ炭素の酸化数は $+III$ なので, 電子を二つ右辺に加える.
$$CH_3CHO \rightleftharpoons CH_3COOH + 2e^-$$
O 原子の数を合わせるために左辺に H_2O を加える.
$$CH_3CHO + H_2O \rightleftharpoons CH_3COOH + 2e^-$$
H 原子の数と電荷を合わせるために右辺に $2H^+$ を加える.
$$CH_3CHO + H_2O \rightleftharpoons CH_3COOH + 2e^- + 2H^+ \quad (1)$$
$Ag \longrightarrow Ag^+$ では酸化数は Ag が 0, Ag^+ が $+I$ なので,
$$Ag \longrightarrow Ag^+ + e^- \quad (2)$$
$(1) - 2\times(2)$ より
$$CH_3CHO + 2Ag^+ + H_2O \rightleftharpoons CH_3COOH + 2Ag + 2H^+$$
実際には塩基性条件下で行うので, 右辺の $2H^+$ は
$$2H^+ + 2OH^- \rightleftharpoons 2H_2O$$
になるので左辺の H_2O が $2OH^-$, 右辺の $2H^+$ が H_2O になった
$$CH_3CHO + 2Ag^+ + 2OH^- \rightleftharpoons CH_3COOH + 2Ag + H_2O$$
となる.

第22章

1. H_2O_2 の半電池反応は,

$$O_2 + 2H^+ + 2e^- \rightleftharpoons H_2O_2 \qquad E° = +0.68\text{ V} \qquad (1)$$

$$H_2O_2 + 2H^+ + 2e^- \rightleftharpoons 2H_2O \qquad E° = +1.78\text{ V} \qquad (2)$$

I^- の半電池反応は,

$$I_2 + 2e^- \rightleftharpoons 2I^- \qquad E° = +0.53\text{ V} \qquad (3)$$

H_2O_2 が還元されるには $E°$ の比較から,式3の電子が式2で消費されることになる.式2と式3から,つぎの酸化還元反応が得られる.

$$H_2O_2 + 2H^+ + 2I^- \rightleftharpoons I_2 + 2H_2O$$

この反応式より,1 mol の H_2O_2 の還元には 2 mol の I^- が必要なことがわかる.
3.00 w/v% オキシドールは 100 mL 中に 3.00 g の H_2O_2 を含むから,オキシドール 30.0 mL 中には 30.0 mL : x g = 100 mL : 3.00 g より,x = 0.900 g の H_2O_2 が含まれ,そのモル数は 0.900 g/34.02 g mol^{-1} = 0.0265 mol となる.0.0265 mol の H_2O_2 を還元するのに必要な I^- は 0.0265 mol×2 = 0.0530 mol なので,これを KI(モル質量 166.00 g mol^{-1})で賄うとすると,0.0530 mol×166.0 g mol^{-1} = 8.80 g 必要.

2. $Cr_2O_7{}^{2-}$ の半電池反応は,

$$Cr_2O_7{}^{2-} + 14H^+ + 6e^- \rightleftharpoons 2Cr^{3+} + 7H_2O$$

であるから,$S_4O_6{}^{2-}$ の半電池反応と組合わせると,

$$Cr_2O_7{}^{2-} + 6S_2O_3{}^{2-} + 14H^+ \rightleftharpoons 2Cr^{3+} + 3S_4O_6{}^{2-} + 7H_2O$$

したがって,1 mol の $Cr_2O_7{}^{2-}$ を還元するには 6 mol の $S_2O_3{}^{2-}$ が必要.
$K_2Cr_2O_7$(モル質量 294.20 g mol^{-1})10.0 g は 10.0 g/294.20 g mol^{-1} = 0.0340 mol であるから,0.0340 mol の $Cr_2O_7{}^{2-}$ を還元するには $S_2O_3{}^{2-}$ が 0.0340 mol×6 = 0.204 mol 必要.$S_2O_3{}^{2-}$ を $Na_2S_2O_3 \cdot 5H_2O$(モル質量 248.22 g mol^{-1})で賄うとすると,0.204 mol×248.22 g mol^{-1} = 50.6 g 必要となる.また,この反応では $Cr_2O_7{}^{2-}$ 1 mol 当たり 3 mol の $S_4O_6{}^{2-}$ が生じるので,$Cr_2O_7{}^{2-}$ 0.0340 mol に対して 0.0340×3 = 0.102 mol の $S_4O_6{}^{2-}$ が生じる.これが 0.500 L の中にあるので,その濃度は 0.102 mol/0.500 L = 0.204 mol L^{-1} となる.

3. Na の半電池反応は,

$$Na^+ + e^- \rightleftharpoons Na \qquad E° = -2.71\text{ V}$$

H_2 の半電池反応は

$$H^+ + e^- \rightleftharpoons \frac{1}{2}H_2 \qquad E° = 0\text{ V}$$

この反応を組合わせると,

$$Na + H^+ \rightleftharpoons Na^+ + \frac{1}{2}H_2$$

となる.$E°$ の値より,電子は Na から H^+ に移動すること,Na 1 mol から H_2 が 0.5 mol 発生することがわかる.Na 0.200 g は,0.200 g/22.99 g mol^{-1} = 0.00870 mol であり,発生する H_2 は 0.00870 mol×0.5 = 0.00435 mol である.H_2 の 25 ℃ でのモル体積は 24.5 L mol^{-1} なので,0.00435 mol の H_2 の体積は 0.00435 mol×24.5 L mol^{-1} = 0.107 L になる.
(この反応では H^+ が消費されるので,$H_2O \rightleftharpoons H^+ + OH^-$ の水の酸解離平衡より,OH^- が蓄積されるため,液性は塩基性となる.)

索　引

A〜Z

Au(Au$^+$)　75, 78, 84
^{137}Ba　101
Ba(OH)$_2$　45, 57
Bq(ベクレル)　100
^{12}C(^{13}C)　8
CH$_4$　87
CH$_3$COO$^-$　46
CH$_3$COOH　46, 50, 56, 63
C$_2$H$_2$O$_4$　88, 90
C$_6$H$_{12}$O$_6$　29
C$_2$H$_5$OH　30
CO$_2$　29, 87
^{137}Cs　101
Cu(Cu^{2+})　82〜84
Gy(グレイ)　101
H(H$^+$)　5, 51
^{1}H　8
HCl　26, 49
H$_2$O　10, 13, 14, 28, 29, 46, 55, 87
H$_3$O$^+$　46, 63
H$_2$SO$_4$(HSO$_4^-$)　45, 57
K(K$^+$)　75, 78, 84
ln　51
log　51
MnO$_4^-$　88, 90
mol　13, 14, 16
Na(Na$^+$)　6
NaCl　11
Na$_2$CO$_3$　45
NaOH　45, 49, 57
NH$_3$　45, 46
^{16}O　8
OH$^-$　45, 46, 51
pH　51, 59, 63, 66
pK_a　53, 64
pK_w　53
pOH　53
SO$_4^{2-}$　45, 57
Sv(シーベルト)　100
Zn(Zn^{2+})　82〜84

あ, い

アボガドロ数　15
アボガドロ定数　15, 17, 18, 34
アレニウス塩基　44
アレニウス酸　44
安定同位体　8
アンモニア　45, 56

イオン　5
　──の価数　5
イオン化傾向　74
イオン結合　11
イオン式　10, 11
イオン積
　水の──　48, 54, 59
一塩基酸　57, 61
1価の酸　57
陰イオン　5
陰　極　86

え, お

SI 組立単位　100
SI 接頭語　102
SI 単位系　100
エタノール　30, 41, 42
　──の比重　99
　──の密度　25
エタノール発酵　30, 34
エテン
　──の付加反応　81
エネルギー　74, 78
ln　51
log　51
塩　11, 56
塩化水素　26, 44, 49
塩化ナトリウム　11
塩　基　44〜46
塩基性　52

塩　酸　26, 44, 49, 52, 55, 59, 62
エンタルピー変化　34

オキシドール　92
重　さ　7

か

解　離　48
解離平衡
　酸──　49
　水の──　48
化学式　10
化学種　13
化学当量　14
化学反応式　13, 28
化学平衡　39
化学平衡状態　40
化学平衡の法則　41, 42
核種質量　8
過酸化水素　80, 91, 92
過酸化物　79
価　数
　イオンの──　5
過マンガン酸イオン　88, 90
　──とシュウ酸の反応　88, 90
還元剤　82, 83, 92
還元種　84, 88
還元(反応)　73
還元力　84

き

気　圧　18
希塩酸　26
希　釈　24, 26
基本単位　100
強塩基　49
凝固点降下　27
強酸　49
強酸強塩基滴定　60
共役塩基　46

共役酸　46, 66
共有結合　10, 80
極　性　80
金属イオン　74
金属水素化物　79

く

クエン酸　44
組立単位　100
グルコース　11, 12, 29, 32
　——の燃焼反応　29, 32
グレイ　101

け

K　41
K_a　50, 63
K_w　48, 55
結合定数　68
原　子　3, 15
　——の大きさ　3
　——の保存　86
原子核　3, 101
原子核反応　33
原子番号　5, 7
原子量　7, 15
元　素　5

こ

高分子化合物　12
国際単位系　100

さ

酢　酸　41, 42, 50, 56, 62
　——の酸解離定数　50, 63
酢酸エチル　41, 42
酸　44～46
三塩基酸　54
酸塩基指示薬　66
酸塩基平衡　44
酸　化　73, 91
酸解離曲線　68
酸解離指数　64
酸解離定数　41, 50, 54, 59, 62, 63
酸解離平衡　49, 62, 64
　弱酸・弱塩基の——　49, 50
酸化還元対　78
酸化還元電位　76
酸化還元反応　73, 79, 82, 87, 88, 90, 91

　——の当量関係　90
酸化剤　82, 83, 92
酸化種　84, 88
酸化状態　84
酸化数　79, 84
酸化反応　73
酸化力　84
酸　性　52
酸　素
　——原子の酸化数　79

し

式　量　18, 34
次　元　99, 102
自然対数　51
質　量　7
質量作用の法則　41
質量数　7
質量対容量百分率　21
質量パーセント濃度　21, 25
質量保存の法則　33
質量モル濃度　21, 26
シーベルト　100
弱塩基　50, 56
弱　酸　50, 56, 62, 63
　——の滴定曲線　62
周期表　5
シュウ酸　88, 90
　——と過マンガン酸イオンの反応　88, 90
重量百分率濃度　21
重力の標準加速度　39
純物質
　——のモル数　25
常用対数　51, 63
触　媒　40
ショ糖　16, 21
初濃度　42

す

水酸化ナトリウム　45, 49, 52, 55, 59
水酸化バリウム　45, 57
水酸化物イオン　55
水　素
　——原子の大きさ　3
　——原子の酸化数　79
　——の燃焼反応　28
水素イオン　5, 51, 55
水素イオン指数　51
水素化物イオン　81
数　値　99
スクロース　16

せ

正　極　94
生成物　28
線量当量　100
全量フラスコ　24

そ

相対質量　8, 12
組成式　10～12
素粒子　4

た

対　数　52
体　積　18
多塩基酸　54
多価の塩基　45
多価の酸　45
脱水縮合　12
ダニエル電池　82～84
単　位　14, 99～102
単原子分子　10
炭酸ナトリウム　45
炭素電極　86

ち

中　性　52
　電気的——　5
中性子　4
　——の質量　9
中和滴定　59
中和点　60, 63, 67
中和(反応)　55, 57

て

滴定曲線　54, 59, 60, 62
　弱酸の——　62
電　位　74, 75
電位の基準　77
電　荷　4
　——の保存　86
電気陰性度　80
電気的中性　5
電気的中性条件　54, 59
電気分解　86, 87

電　極　86
電極反応　74, 86
電気量　4
電　子　3, 73
　──の数　8
電子移動　76
電子雲モデル　3
電　池　73, 77, 78
電池反応　82, 88
デンプン　12
　──の組成式　12
電離度　22, 50, 62, 64

と

同位元素　7
同位体　7
同位体存在比　8
当　量　14, 57, 90
当量点　60, 63

な

ナトリウム　6

に

二塩基酸　54, 57
2価の塩基　57
2価の酸　57
二酸塩基　57
二酸化炭素　29, 83

ね

燃焼反応　28, 29, 32, 73, 88
燃料電池　73, 86

の

濃塩酸　26
濃硝酸　26
濃　度　20
濃硫酸　26

は

パーセント濃度　21

半減期　100, 101
半電池反応　74, 75, 77〜79, 82, 86, 88, 91, 92
反応式　13
反応速度　41
反応速度定数　41
反応熱　34
反応物　28

ひ

p　53
pH　51, 59, 63, 66
　当量点の──　60
pH指示薬　66
pOH　53
pK_a　53, 64, 66
pK_w　53
比　重　25, 99
ヒドリドイオン　81
標準圧力と温度　95
標準起電力　77, 78, 86, 88, 92
標準酸化還元電位　75, 86
標準状態　75, 95
標準電位　75〜77
標準電極電位　75, 77

ふ

フェノールフタレイン　66
負　極　94
物質収支　54, 59
物質の状態　13
物質量　13, 14, 16
沸点上昇　27
物理量　99, 100, 103
ブドウ糖　11
ブレンステッド塩基　44, 45
ブレンステッド酸　44, 45
ブレンステッド・ローリー酸・塩基　45
プロトン　5, 73
分　極　80
分　子　3, 15
分子式　10, 17
分子量　11, 15, 17, 18, 34
分　率　22

へ

平　衡　39
　──の移動　40
　──の偏り　42
平衡移動の原理　43
平衡状態　39, 75

平衡定数　41, 48, 50, 55
平衡濃度　41, 42, 48
ベクレル　100

ほ

ボーアモデル　3
ホウ酸　44, 62
放射性同位体　8, 100
放射性物質　101
放射線　101
放射能　100
ホウ素　6

み

水　10, 13, 21, 29
　──の解離平衡　45, 48
　──の電気分解　86
　──の分子式　10
　──のモル濃度　48
水のイオン積　41, 48, 54, 59
密　度　25

む

無次元　99
無水酢酸　41

め

メスアップ　24
メスフラスコ　24
メタン　83
　──の燃焼反応　88
メチルオレンジ　66

も

モル(mol)　13, 14, 16
モル質量　15, 17, 18, 34, 92, 100
モル体積　34
モル濃度　21, 23, 26, 48, 100, 102
モル反応熱　34
モル分率　22, 25
モル溶解熱　34

や

薬物結合曲線　68

よ

陽イオン　5
溶液
　——の調製　24
溶解度積　41
溶解熱　34
陽極　86
陽子　4
　——の質量　9
溶質　20
ヨウ素
　——の半電池反応　92
溶媒　20
用量作用曲線　68
容量モル濃度　21, 23

り

力学的平衡状態　39
理想気体　34

硫化水素イオン　62
硫酸　57
量　99

る

ルイス塩基　44
ルイス酸　44
ルシャトリエの原理　43

れ

レドックス対　78

第 1 版 第 1 刷 2011 年 11 月 18 日 発行
第 4 刷 2021 年 3 月 19 日 発行

プライマリー 薬学 シリーズ 3
薬学の基礎としての化学 I. 定量的取扱い

編 集 公益社団法人 日本薬学会
©2011 発行者 住 田 六 連
発 行 株式会社 東京化学同人
東京都 文京区千石 3 丁目36-7 (⬛112-0011)
電話 03-3946-5311・FAX 03-3946-5317
URL: http://www.tkd-pbl.com/

印刷・製本 図書印刷株式会社

ISBN 978-4-8079-1653-5　Printed in Japan
無断転載および複製物（コピー，電子データなど）の無断配布，配信を禁じます．

― 日本薬学会編 ―

スタンダード薬学シリーズⅡ

全9巻 26冊

総監修 市川　厚

編集委員　赤池昭紀・伊藤　喬・入江徹美・太田　茂
　　　　　奥　直人・鈴木　匡・中村明弘

電子版 教科書採用に限り電子版対応可．詳細は東京化学同人営業部まで．

1 薬学総論
編集責任：中村明弘
- Ⅰ．薬剤師としての基本事項　5280 円
- Ⅱ．薬学と社会　4950 円

2 物理系薬学
編集責任：入江徹美
- Ⅰ．物質の物理的性質　5390 円
- Ⅱ．化学物質の分析　5390 円
- Ⅲ．機器分析・構造決定　4620 円

3 化学系薬学
編集責任：伊藤　喬
- Ⅰ．化学物質の性質と反応　6160 円
- Ⅱ．生体分子・医薬品の化学による理解　5060 円
- Ⅲ．自然が生み出す薬物　5280 円

4 生物系薬学
編集責任：奥　直人
- Ⅰ．生命現象の基礎　5720 円
- Ⅱ．人体の成り立ちと生体機能の調節　4400 円
- Ⅲ．生体防御と微生物　5390 円

5 衛生薬学 ―健康と環境―
6710 円
編集責任：太田　茂

6 医療薬学
- Ⅰ．薬の作用と体の変化および薬理・病態・薬物治療（1）　4510 円
- Ⅱ．薬理・病態・薬物治療（2）　4180 円
  - Ⅰ・Ⅱ 編集責任：赤池昭紀
- Ⅲ．薬理・病態・薬物治療（3）　3740 円
- Ⅳ．薬理・病態・薬物治療（4）　6050 円
  - Ⅲ・Ⅳ 編集責任：山元俊憲
- Ⅴ．薬物治療に役立つ情報　4620 円
- Ⅵ．薬の生体内運命　3520 円
- Ⅶ．製剤化のサイエンス　3850 円
  - Ⅴ・Ⅵ・Ⅶ 編集責任：望月眞弓

7 臨床薬学
日本薬学会・日本薬剤師会
日本病院薬剤師会・日本医療薬学会 共編
編集責任：鈴木　匡
- Ⅰ．臨床薬学の基礎および処方箋に基づく調剤　4400 円
- Ⅱ．薬物療法の実践　2750 円
- Ⅲ．チーム医療および地域の保健・医療・福祉への参画　4400 円

8 薬学研究
3190 円
編集責任：市川　厚

9 薬学演習
―アクティブラーニング課題付―
- Ⅰ．医療薬学・臨床薬学　3740 円
  - 編集責任：赤池昭紀
- Ⅱ．基礎科学
  - 編集責任：市川　厚
  - 2021 年 7 月刊行予定
- Ⅲ．薬学総論・衛生薬学　4180 円
  - 編集責任：太田　茂

記載の価格は定価（本体価格＋税10％），2021年3月現在

元素の周期表

族	1	2		3	4	5	6	7	8	9	10	11	12	13	14	15	16	17	18
周期																			
1	水素 1H 1.008																		ヘリウム 2He 4.003
2	リチウム 3Li 6.941	ベリリウム 4Be 9.012												ホウ素 5B 10.81	炭素 6C 12.01	窒素 7N 14.01	酸素 8O 16.00	フッ素 9F 19.00	ネオン 10Ne 20.18
3	ナトリウム 11Na 22.99	マグネシウム 12Mg 24.31												アルミニウム 13Al 26.98	ケイ素 14Si 28.09	リン 15P 30.97	硫黄 16S 32.07	塩素 17Cl 35.45	アルゴン 18Ar 39.95
4	カリウム 19K 39.10	カルシウム 20Ca 40.08		スカンジウム 21Sc 44.96	チタン 22Ti 47.87	バナジウム 23V 50.94	クロム 24Cr 52.00	マンガン 25Mn 54.94	鉄 26Fe 55.85	コバルト 27Co 58.93	ニッケル 28Ni 58.69	銅 29Cu 63.55	亜鉛 30Zn 65.38*	ガリウム 31Ga 69.72	ゲルマニウム 32Ge 72.63	ヒ素 33As 74.92	セレン 34Se 78.97	臭素 35Br 79.90	クリプトン 36Kr 83.80
5	ルビジウム 37Rb 85.47	ストロンチウム 38Sr 87.62		イットリウム 39Y 88.91	ジルコニウム 40Zr 91.22	ニオブ 41Nb 92.91	モリブデン 42Mo 95.95	テクネチウム 43Tc (99)	ルテニウム 44Ru 101.1	ロジウム 45Rh 102.9	パラジウム 46Pd 106.4	銀 47Ag 107.9	カドミウム 48Cd 112.4	インジウム 49In 114.8	スズ 50Sn 118.7	アンチモン 51Sb 121.8	テルル 52Te 127.6	ヨウ素 53I 126.9	キセノン 54Xe 131.3
6	セシウム 55Cs 132.9	バリウム 56Ba 137.3		ランタノイド 57～71	ハフニウム 72Hf 178.5	タンタル 73Ta 180.9	タングステン 74W 183.8	レニウム 75Re 186.2	オスミウム 76Os 190.2	イリジウム 77Ir 192.2	白金 78Pt 195.1	金 79Au 197.0	水銀 80Hg 200.6	タリウム 81Tl 204.4	鉛 82Pb 207.2	ビスマス 83Bi 209.0	ポロニウム 84Po (210)	アスタチン 85At (210)	ラドン 86Rn<(br>(222)
7	フランシウム 87Fr (223)	ラジウム 88Ra (226)		アクチノイド 89～103	ラザホージウム 104Rf (267)	ドブニウム 105Db (268)	シーボーギウム 106Sg (271)	ボーリウム 107Bh (272)	ハッシウム 108Hs (277)	マイトネリウム 109Mt (276)	ダームスタチウム 110Ds (281)	レントゲニウム 111Rg (280)	コペルニシウム 112Cn (285)	ニホニウム 113Nh (278)	フレロビウム 114Fl (289)	モスコビウム 115Mc (289)	リバモリウム 116Lv (293)	テネシン 117Ts (293)	オガネソン 118Og (294)

s-ブロック元素　d-ブロック元素　p-ブロック元素

ランタノイド	ランタン 57La 138.9	セリウム 58Ce 140.1	プラセオジム 59Pr 140.9	ネオジム 60Nd 144.2	プロメチウム 61Pm (145)	サマリウム 62Sm 150.4	ユウロピウム 63Eu 152.0	ガドリニウム 64Gd 157.3	テルビウム 65Tb 158.9	ジスプロシウム 66Dy 162.5	ホルミウム 67Ho 164.9	エルビウム 68Er 167.3	ツリウム 69Tm 168.9	イッテルビウム 70Yb 173.0	ルテチウム 71Lu 175.0
アクチノイド	アクチニウム 89Ac (227)	トリウム 90Th 232.0	プロトアクチニウム 91Pa 231.0	ウラン 92U 238.0	ネプツニウム 93Np (237)	プルトニウム 94Pu (239)	アメリシウム 95Am (243)	キュリウム 96Cm (247)	バークリウム 97Bk (247)	カリホルニウム 98Cf (252)	アインスタイニウム 99Es (252)	フェルミウム 100Fm (257)	メンデレビウム 101Md (258)	ノーベリウム 102No (259)	ローレンシウム 103Lr (262)

f-ブロック元素

ここに示した原子量は、実用上の便宜を考えて、IUPACで承認された最新の原子量に基づき日本化学会原子量専門委員会が独自に作成した原子量表に従う。本来、同位体存在度の不確定さは、自然に、あるいは人為的に起こりうる変動や実験誤差のために、元素ごとに異なる。したがって、個々の原子量の値は、正確度が保証された有効数字の桁数が大きく異なることがある（亜鉛は±2である）。本表の原子量を引用する際には、このことに注意を喚起することが望ましい。なお、本表の放射性同位体については、天然で特定の同位体組成を示さない元素については、有効数字の4桁目で±1以内である（亜鉛は±2である）。また、安定同位体がなく、天然で特定の同位体組成を示さない元素については、有効数字の質量数の一例を（）内に示した。したがって、その値をそのまま原子量として扱うことはできない。市販品中のリチウム化合物のリチウムの原子量は6.938から6.997の幅をもつ。

© 2021 日本化学会原子量専門委員会